# 袁氏世范
# 译注

［宋］袁采　著

赖区平　译注

上海古籍出版社

"十三五"国家重点图书出版规划项目

上海市促进文化创意产业发展财政扶持资金资助项目

# 目录

# "中华家训导读译注丛书"出版缘起

## 一、家训与传统文化

中国传统文化的复兴已然是大势所趋，无可阻挡。而真正的文化振兴，随着发展的深入，必然是由表及里，逐渐贴近文化的实质，即回到实践中，在现实生活中发挥作用，影响和改变个人的生活观念、生命状态，乃至改变社会生态，而不是仅仅停留在学院中的纸上谈兵，或是媒体上的自我作秀。这也已然为近年的发展进程所证实。

文化的传承，通常是在精英和民众两个层面上进行，前者通过经典研学和师弟传习而薪火相传，后者沉淀为社会价值观念、化为乡风民俗而代代相承。这两个层面是如何发生联系的，上层是如何向下层渗透的呢？中华文化悠久的家训传统，无疑在其中起到了重要作用。士子学人

（文化精英）将经典的基本精神、个人习得的实践经验转化为家训家规教育家族子弟，而其中有些家训，由于家族的兴旺发达和名人代出，具有很好的示范效应，而得以向外传播，飞入寻常百姓家，进而为人们代代传诵，其本身也具有经典的意味了。由本丛书原著者一长串响亮的名字可以看到，这些著作者本身是文化精英的代表人物，这使得家训一方面融入了经典的精神，一方面为了使年幼或文化根基不厚的子弟能够理解，并在日常生活中实行，家训通常将经典的语言转化为日常话语，也更注重实践的方便易行。从这个意义上说，家训是经典的通俗版本，换言之，家训是我们重新亲近经典的桥梁。

对于从小接受现代教育（某种模式的西式教育）的国人，经典通常显得艰深和难以接近（其中的原因，下文再作分析），而从家训入手，就亲切得多。家训不仅理论话语较少，更通俗易懂，还常结合身边的或历史上的事例启发劝导子弟，特别注重从培养良好的生活礼仪习惯做起，从身边的小事做起，这使得传统文化注重实践的本质凸显出来（当然经典也是在在处处都强调实践的，只是现代教育模式使得经典的实践本质很容易被遮蔽）。因此，现代人学习传统文化，从家训入手，不失为一个可靠而方便的途径。

此外，很多人学习家训，或者让孩子读诵家训，是为了教育下一代，这是家训学习更直接的目的。年青一代的父母，越来越认识到家庭教育的重要性，并且在当前的语境中，从传统文化为内容的家庭教育可以在很大程度上弥补学校教育的缺陷。这个问题由来已久，自从传统教育让位于西式学校教育（这个转变距今大约已有一百年）以来，很多有识之士认识到，以培养满满人格为目的、德育为核心的传统教育，被以知识技能教育为主的学校教育取代，因而不但在教育领域产生了诸多问题，并且是很多社会问题的根源。在呼吁改革学校教育的同时，很多文化精英选择了加强家庭教育来做弥补，比如被称为"史上最强老爸"的梁启超自己开展以传统德育为主的家庭教育配合西式学校，成就了"一门三院士，九子皆才俊"的佳话（可参阅上海古籍出版社《我们今天怎样做父亲：梁启超谈家庭教育》）。

本丛书即是基于以上两个需求，为有志于亲近经典和传统文化的人，为有意尝试以传统文化为内容的家庭教育、希望与儿女共同学习成长的朋友量身定做的。丛书精选了历史上最有代表性的家训著作，希望为他们提供切合实用的引导和帮助。

## 二、读古书的障碍

现代人读古书，概括说来，其难点有二：首先是由于文言文接触太少，不熟悉繁体字等原因，造成语言文字方面的障碍。不过通过查字典、借助注释等办法，这个困难还是相对容易解决的。更大的障碍来自第二个难点，即由于文化的断层，教育目标、教育方式的重大转变，使得现代人对于古典教育、对于传统文化产生了根本性的隔阂，这种隔阂会反过来导致对语词的理解偏差或意义遮蔽。

试举一例。《论语》开篇第一章：

子曰："学而时习之，不亦说（"说"，通"悦"）乎？有朋自远方来，不亦乐乎？人不知而不愠，不亦君子乎？"

字面意思很简单，翻译也不困难。但是，如何理解句子的真实含义，对于现代人却是一个考验。比如第一句，"学而时习之"，很容易想当然地把这里的"学"等同于现代教育的"学习知识"，那么"习"就成了"复习功课"的意思，全句就理解为学习了新知识、新课程，要经常复习它——一直到现在，中小学在教这篇课文时，基本还是这么解释的。但是这里有个疑问：我们每天复习功课，真的会很快乐吗？

对古典教育和传统文化有所理解的人，很容易看到，这里发生了根本性的理解偏差。古人学习的目的跟现代教育不一样，其根本目的是培养一个人的德行，成就一个人格完满、生命充盈的人，所以《论语》通篇都在讲"学"，却主要不是传授知识，而是在讲做人的道理、成就君子的方法。学习了这些道理和方法，不是为了记忆和考试，而是为了在生活实践中去运用、在运用时去体验，体验到了、内化为生命的一部分才是真正的获得，真正的"得"即生命的充盈，这样才能开显出智慧，才能在生活中运用无穷（所以孟子说：学贵"自得"，自得才能"居之安""资之深"，才能"取之左右逢其源"）。如此这般的"学习"，即是走出一条提升道德和生命境界的道路，到达一定生命境界高度的人就称之为君子、圣贤。养成这样的生命境界，是一切学问和事业的根本（因此《大学》说

"自天子以至于庶人，壹是皆以修身为本"），这样的修身之学也就是中国文化的根本。

所以，"学而时习之"的"习"，是实践、实习的意思，这句话是说，通过跟从老师或读经典，懂得了做人的道理、成为君子的方法，就要在生活实践中不断（时时）运用和体会，这样不断地实践就会使生命逐渐充实，由于生命的充实，自然会由内心生发喜悦，这种喜悦是生命本身产生的，不是外部给予的，因此说"不亦说乎"。

接下来，"有朋自远方来，不亦乐乎"，是指志同道合的朋友在一起共学，互相交流切磋，生命的喜悦会因生命间的互动和感应，得到加强并洋溢于外，称之为"乐"。

如果明白了学习是为了完满生命、自我成长，那么自然就明白了为什么会"人不知而不愠"。因为学习并不是为了获得好成绩、找到好工作，或者得到别人的夸奖；由生命本身生发的快乐既然不是外部给予的，当然也是别人夺不走的，那么别人不理解你、不知道你，不会影响到你的快乐，自然也就不会感到郁闷（"人不知而不愠"）了。

以上的这种理解并非新创。从南朝皇侃的《论语义疏》到宋朱熹的《论语集注》（朱熹《集注》一直到清朝都是最权威和最流行的注本），这种解释一直占主流地位。那么问题来了，为什么当代那么多专家学者对此视而不见呢？程树德曾一语道破："今人以求知识为学，古人则以修身为学。"（见程先生撰于 1940 年代的《论语集释》）之所以很多人会误解这三句话，是由于对古典教育、传统文化的根本宗旨不了解，或者不认同，导致在理解和解释的时候先入为主，自觉或不自觉地用了现代观念去"曲解"古人。因此，若使经典和传统文化在今天重新发挥作用，首先需要站在古人的角度理解经典本身的主旨，为此，在诠释经典时，就需要在经典本身的义理与现代观念之间，有一个对照的意识，站在读者的角度考虑哪些地方容易产生上述的理解偏差，有针对性地作出解释和引导。

## 三、家训怎么读

基于以上认识，本丛书尝试从以下几个方面加以引导。首先，在每种书前冠以导读，对作者和成书背景做概括介绍，重点说明如何以实践为中心读这本书。

再者，在注释和白话翻译时尽量站在读者的立场，思考可能发生的遮蔽和误解，加以解释和引导。

第三，本丛书在形式上有一个新颖之处，即在每个段落或章节下增设"实践要点"环节，它的作用有三：一是说明段落或章节的主旨。尽量避免读者仅作知识性的理解，引导读者往生活实践方面体会和领悟。

二是进一步扫除遮蔽和误解，防止偏差。观念上的遮蔽和误解，往往先入为主比较顽固，仅仅靠"简注"和"译文"还是容易被忽略，或许读者因此又产生了新的疑惑，需要进一步解释和消除。比如，对于家训中的主要内容——忠孝——现代人往往从"权利平等"的角度出发，想当然地认为提倡忠孝就是等级压迫。从经典的本义来说，忠、孝在各自的语境中都包含一对关系，即君臣关系（可以涵盖上下级关系），父子关系；并且对关系的双方都有要求，孔子说"君君、臣臣、父父、子子"，是说君要有君的样子，臣要有臣的样子，父要有父的样子，子要有子的样子，对双方都有要求，而不是仅仅对臣和子有要求。更重要的是，这个要求是"反求诸己"的，就是各自要求自己，而不是要求对方，比如做君主的应该时时反观内省是不是做到了仁（爱民），做大臣的反观内省是不是做到了忠；做父亲的反观内省是不是做到了慈，做儿子的反观内省是不是做到了孝。（《礼记·礼运》："何谓人义？父慈、子孝、兄良、弟悌、夫义、妇听、长惠、幼顺、君仁、臣忠。"）如果只是要求对方做到，自己却不做，就完全背离了本义。如果我们不了解"一对关系"和"自我要求"这两点，就会发生误解。

再比如古人讲"夫妇有别"，现代人很容易理解成男女不平等。这里的"别"，是从男女的生理、心理差别出发，进而在社会分工和责任承担方面有所区别。不是从权利的角度说，更不是人格的不平等。古人以乾坤二卦象征男女，乾卦的特质是刚健有为，坤卦的特征是宁顺贞静，乾德主动，坤德顺乾德而动；二者又是互补的关系，乾坤和谐，天地交感，才能生成万物。对应到夫妇关系上，做丈夫需要有担当精神，把握方向，但须动之以义，做出符合正义、顺应道理的选择，这样妻子才能顺之而动（"夫义妇听"），如果丈夫行为不合正义，怎能要求妻子盲目顺从呢？同时，坤德不仅仅是柔顺，还有"直方"的特点（《易经·坤·象》："六二之动，直以方也"），做妻子也有正直端方、勇于承担的一面。在传统家庭中，如果丈夫比较昏暗懦弱，妻子或母亲往往默默支撑起整个家庭。总之，夫妇有别，也需要把握住"一对关系"和"自我要求"两个要点来理解。

除了以上所说首先需要理解经典的本义，把握传统文化的根本精神，同时也需要看到，经典和文化的本义在具体的历史环境中可能发生偏离甚至扭曲。当一种文化或价值观转化为社会规范或民俗习惯，如果这期间缺少文化精英的引领和示范作用，社会规范和道德话语权很容易被权力所掌控，这时往往表现为，在一对关系中，强势的一方对自己缺少约束，而是单方面要求另一方，这时就背离了经典和文化本义，相应的历史阶段就进入了文化衰敝期。比如在清末，文化精神衰落，礼教丧失了其内在的精神（孔子的感叹"礼云礼云，玉帛云乎哉？乐云乐云，钟鼓云乎哉？"就是强调礼乐有其内在的精神，这个才是根本），成为了僵化和束缚人性的东西。五四时期的很大一部分人正是看到这种情况（比如鲁迅说"吃人的礼教"），而站到了批判传统的立场上。要知道，五四所批判的现象正是传统文化精神衰敝的结果，而非传统文化精神的正常表现；当代人如果不了解这一点，只是沿袭前代人一些有具体语境的话语，其结果必然是道听途说、以讹传讹。而我们现在要做的，首先是正本清源，了解经典的本义和文化的基本精神，在此基础上学习和运用其实践方法。

三是提示家训中的道理和方法如何在现代生活实践中应用。其中关键的地方是，由于古今社会条件发生了变化，如何在现代生活中保持家训的精神和原则，而在具体运用时加以调适。一个突出的例子是女子的自我修养，即所谓"女德"，随着一些有争议的社会事件的出现，现在这个词有点被污名化了。前面讲到，传统的道德讲究"反求诸己"，女德本来也是女子对道德修养的自我要求，并且与男子一方的自我要求（不妨称为"男德"）相配合，而不应是社会（或男方）强加给女子的束缚。在家训的解读时，首先需要依据上述经典和文化本义，对内容加以分析，如果家训本身存在僵化和偏差，应该予以辨明。其次随着社会环境的变化，具体实践的方式方法也会发生变化。比如现代女子走出家庭，大多数女性与男性一样承担社会职业，那么再完全照搬原来针对限于家庭角色的女子设置的条目，就不太适用了。具体如何调适，涉及到具体内容时会有相应的解说和建议，但基本原则与"男德"是一样的，即把握"女德"和"女礼"的精神，调适德的运用和礼的条目。此即古人一面说"天不变道亦不变"（董仲舒语），一面说礼应该随时"损益"（见《论语·为政》）的意思。当然，如何调适的问题比较重大，"实践要点"中也只能提出编注者的个人意见，或者提供一个思路供读者参考。

综上所述，丛书的全部体例设置都围绕"实践"，有总括介绍、有具体分析，反复致意，不厌其详，其目的端在于针对根深蒂固的"现代习惯"，不断提醒，回到经典的本义和中华文化的根本。基于此，丛书的编写或可看做是文化复兴过程中，返本开新的一个具体实验。

## 四、因缘时节

"人能弘道，非道弘人。"当此文化复兴由表及里之际，急需勇于担当、解行相应的仁人志士；传统文化的普及传播，更是迫切需要一批深入经典、有真实体验又肯踏实做基础工作的人。丛书的启动，需要找到符合上述条件的编撰者，我深知实非易事。首先想到的是陈椰博士，陈博士生长于宗族祠堂多有保留、古风犹存的潮汕地区，对明清儒学深入民间、淳化乡里的效验有亲切的体会；令我喜出望外的是，陈博士不但立即答应选编一本《王阳明家训》，还推荐了好几位同道。通过随后成立的这个写作团队，我了解到在中山大学哲学博士（在读的和已毕业的）中间，有一拨有志于传统修身之学的朋友，我想，这和中山大学的学习氛围有关——五六年前，当时独学而少友的我惊喜地发现，中大有几位深入修身之学的前辈老师已默默耕耘多年，这在全国高校中是少见的，没想到这么快就有一批年轻的学人成长起来了。

郭海鹰博士负责搜集了家训名著名篇的全部书目，我与陈、郭等博士一起商量编选办法，决定以三种形式组成"中华家训导读译注丛书"：一、历史上已有成书的家训名著，如《颜氏家训》《温公家范》；二、在前人原有成书的基础上增补而成为更完善的版本，如《曾国藩家训》《吕留良家训》；三、新编家训，择取有重大影响的名家大儒家训类文章选编成书，如《王阳明家训》《王心斋家训》；四、历史上著名的单篇家训另外汇编成一册，名为《历代家训名篇》。考虑到丛书选目中有两种女德方面的名著，特别邀请了广州城市职业学院教授、国学院院长宋婕老师加盟，宋老师同样是中山大学哲学博士出身，学养深厚且长期从事传统文化的教育和弘扬。在丛书编撰的中期，又有从商界急流勇退、投身民间国学教育多年的邵逝夫先生，精研明清家训家风和浙西地方文化的张天杰博士的加盟，张博士及其友朋团队不仅补了《曾国藩家训》的缺，还带来了另外四种明清家训；至此丛书全部12册的内容和编撰者全部落实。丛书不仅顺利获得上海古籍出版社的选题立项，且有幸列入"十三五"国家重点图书出版规划增补项目，并获上海市促进文化创意产业发展财政扶持资金（成果资助类项目—新闻出版）资助。

由于全体编撰者的和合发心，感召到诸多师友的鼎力相助，获致多方善缘的积极促成，"中华家训导读译注丛书"得以顺利出版。

这套丛书只是我们顺应历史要求的一点尝试，编写团队勉力为之，但因为自身修养和能力所限，丛书能够在多大程度上实现当初的设想，于我心有惴惴焉。目前能做到的，只是自尽其心，把编撰和出版当做是自我学习的机会，一面希冀这套书给读者朋友提供一点帮助，能够使更多的人亲近传统文化，一面祈愿借助这个平台，与更多的同道建立联系，切磋交流，为更符合时代要求的贤才和著作的出现，做一颗铺路石。

刘海滨

2019 年 8 月 30 日，己亥年八月初一

# 导　读

## 一

　　袁采（生卒年未详，或说 1140～1195，或说 1140～1192 年以后），字君载，南宋两浙东路（今浙江）衢州府人。宋高宗绍兴年间在杭州太学读书，宋孝宗隆兴元年（1163）取得进士身份。此后历任萍乡县主簿（掌管文书簿籍），乐清县、政和县、婺源县知县（掌管一县的政事），监登闻鼓院（掌管接受文武官员与士民上书）。他的弟弟袁伟、儿子袁景清，在宋宁宗开禧元年（1205）登同科进士。袁采为官"以廉明刚直称，谕民绳吏，皆有科条"。祝禹圭称其"廉而近公，公而过刚，勤而苦节"，当时人认为是实录。杨万里也曾称赞袁采为"三衢儒先，州里称贤，励操坚正，顾行清苦，三作壮县，皆腾最声"。

袁采为官之外，也以学术知名，而其学术与现实紧密相关。袁采留心地方政府和社会事务，以古鉴今，撰写了一些具有现实意义的著作，包括《乐清志》十卷、《袁氏世范》三卷、《歠歟子》一卷及《政和杂志》《县令小录》《阅史三要》《经权中兴策》《千虑鄙说》《经界捷法》《信安志》，今仅存《袁氏世范》和诗文五篇。

二

《袁氏世范》作于袁采任乐清知县时，宋孝宗淳熙五年（1178）成稿，宋光宗绍熙元年（1190）刻行于世。此书本名《俗训》，但是给此书作序的刘镇认为，此书不仅可以施于乐清一县，而且可以"达诸四海"；不仅可以行之一时，而且可以"垂诸后世"，因此建议将书名改为"世范"。于是，这本书就以《袁氏世范》为名著称于世，成为和颜之推（531～约597）《颜氏家训》并称的中国古代两大家训。

当代美国汉学家包弼德先生在其名作《斯文：唐宋思想的转型》中，更从唐宋转型的大视野，将《颜氏家训》与《袁氏世范》作了一个比较，认为这两本书分别标志了唐以前的门阀时代和宋以后的新儒家（即理学）时代，体现了士或士大夫（他们是政治和文化精英）的身份及其价值观的转变：士人从作为初唐以前的世家大族成员，转而为宋代的文官家族成员、地方精英；而士人追求的价值和职责，则从注重文化之学，转变为更强调伦理关怀，"袁采心中理想的士是一个伦理的人，而不是颜之推意义上的一个有文化的人"。这个比较，对我们深入理解《袁氏世范》有重要帮助。袁采的这种观念与其所在时代的理学理想也是相应的，理学集大成者朱熹（1130～1200）和袁采是同时代人。

三

袁采在绍熙元年的刻本后序中提到几类体裁的著作：第一类是理学家的"语录"，志在将自己的自得之学跟天下人分享，但是因为其中议论精微，一般人很难解悟；第二类是坊间的"小说、诗话之流"，这些作品重在表达个人感受，对社会教化没有什么裨益。另外还有第三类专门戒示子孙的"家训"，但其中所谈的内容不够全面、详细，流传也不广。因此，作者有志写作一种作品，不但有益于社会教化、内容全面而具体，而且表达通俗易懂，即兼顾通俗性、系统性和教化意义三者（同时也体现出对传统文化尤其是儒家经典教义的传承和开展），这就是读者眼前的这部《袁氏世范》。

当然，值得补充的是，"语录"体著作（例如《传习录》）相对于典雅的文言著作，已经有追求通俗的趋向，而理学家本人也写作乡约、家训，如经过朱子修订的《增损吕氏乡约》，而王阳明、王心斋也写过家训类文章；又如，"小说、诗话之流"也有寓教于乐的各种形式，而且，文艺作品本身并不汲汲于直接教化，正是由此，才可能造就将艺术性与教化意义很好结合起来的文艺作品；后世"家训"的范围逐渐扩大、流传也逐渐广泛，而袁采本人的《袁氏世范》也被归入家训类著作。

包弼德先生也比较了《颜氏家训》和《袁氏世范》的写作风格和内

容，指出"颜之推博学而词采繁复的文体与袁采更为直接和简练的风格形成对照"（"袁采的著作既不是方言的，也不是口语的。他引用过去的典籍，特别是《论语》，并用一种易懂的风格来写作"，比有的著作如李元弼指导地方行政的《作邑自箴》"更富有文学性"）；"他们谈话的话题进一步表现出这种差异。颜之推除家族的礼仪和社会习俗之外，还谈论修学、文学写作、文献学、音韵学、道教、佛教，以及多种多样的艺术，袁采则分门别类地讨论了如何睦亲、处己和治家"。虽然"两人都由中国的传统文献和儒家经典所培养"，但他们都不特别反对佛教与道教，实际上颜之推两者都写到了，虽说他只是接受了佛教，而不是道教。

《袁氏世范》共三卷，分别讲述睦亲、处己、治家三大内容。用今天的话来说，就是讲了如何与家人或亲人和睦共处，如何修养自身，如何管理好家庭经济财物（包含有关防火、防盗、支付给雇佣者钱财、管理和买卖田产、家产继承等方面的内容），分属于家庭生活的三个层面。值得注意的是，《袁氏世范》三部分的顺序：先讲和睦家庭，再讲立身处己，最后讲治家理财。这种顺序安排体现了作者的用意：如果说治家理财是外在的基础需求，立身处己是内在的根本条件，那么家庭和睦则是首要之务。更值得注意的是，卷一"睦亲"的第一章主要讲的是"性不可以强合"，家庭和睦的"要术"，却仍然不是向外求，而是回到各人自身，从每个人自身的性情出发，发现人的性情各各有别，不可强求一致，从而学会理解、学会包容、学会沟通。也就是说，"家庭和睦"的诀窍仍在于"自我修养"，与家人和睦相处的诀窍在于自己身心的和谐。

# 四

本书是对《袁氏世范》的现代注解，除了本篇导读，还包括原文、注释、白话译文、实践要点以及附录几个部分。以下主要就《袁氏世范》一书在当下教育实践中如何运用，或如何与现代教育贯通，提出几点建议：

1. 体会"家庭人伦关系"的首要位置。《袁氏世范》中极其重视人与人之间的人伦关系（伦理）的经营，这是士人之为士人最基本的要求，也是人之为人的本质所在。而家庭成员间的人伦关系（包括父母与子女的关系、兄弟关系、夫妇关系等）是最基本的、首要的人伦关系。作者的时代离我们已经有近千年之远，但这种思想即使在今天仍然没有失去其重要意义。明确抓住这点，就抓住了《袁氏世范》的根基。关心亲人是首要的，这与儒家"万物一体""四海之内皆兄弟"的仁爱或博爱思想并不冲突。儒家讲究"爱有等差"，意谓先从爱亲人开始，以此为根基，再依次向外推扩，最终达致与天地万物为一体的境界。

2. 处理好家庭中的三种基本关系。家庭生活中包括家庭人伦关系、自我关系、人与经济财物的关系三个方面，三者缺一不可。我们固然不可因为钱财而有损亲人之间的和睦关系，但也不能以维护亲人为借口而忽视物质生活的经营和满足。作者极其重视将家族亲人之间的财物关系（从分家产到遗产继承）处理得清楚分明，这通常构成亲族之间（如兄弟姐妹、伯叔侄子之间）和睦的良好铺垫，也避免了作者不希望看到的家产纠纷和争讼。

3. 学会健康而积极的宽容或包容。家庭本是一个温馨的小团体，但人的性情各有不同，虽有血缘之亲也难以强合，家人日常生活在一块，相互之间尤其难免摩擦，因此作者殷切地提醒我们，对待家人要尽量包容。更重要的是，包容不是消极的忍受（这会不断地积累不满和怨恨，最终可怕地爆发出来），而是积极健康的体谅和体贴，体谅各人性情的不同（性情各别），体贴各人性情的偏差（人无完人）。这其实也是对人之有限性的体会。学会健康地包容，就学会与家人相处，也学会与自己相处，因为自我内心的不满和怨恨没有积累，也就能更好地调整心情，面对自己和家人。

4. 恰当对待书中留有古代等级身份痕迹的文字。人作为人总有一些不变的东西，但古今不同，时代变了，有些思想观念也要重新看待。今天的社会普遍提倡男女平等、一夫一妻，而作者作为南宋时代的士人，自然会在书中涉及古代家庭中有关婢女、仆人、侧室等的等级身份关系。在遇到这些文段时，我们应该怎么对待呢？其实，这也是我们读古书时常要面对的问题。对此，笔者认为有几点值得注意：

首先，古代富贵人家会有仆人奴婢等，今天自然没有这种现象。但是我们不当拘泥于某个时代的特殊现象，而应该透过现象看本质。虽然内容改变了，但其中仍有一些处理事情的方式和结构并没有改变，因此应该超越具体的特殊内容，而看到更广阔的共通道理。这是我们今天读古人的书尤其要注意的地方，不要因为有些社会现象变化或进步了，就漠视古人处理这些现象时所展示出的智慧。阅读这本书也一样，由此才能放下后知之明的傲慢和偏见，真正吸收古人的智慧。这应该成为阅读古书的准则。

其次，应具理解之同情。作者在谈及有关婢女、仆人、侧室等事情时，往往是要约束那些有权势之人，并从这些弱势群体的角度来看问题，表现出人道之同情。对此，我们也应该有理解之同情。

最后，作者谈及这类事情时，其最基本的考虑，除了对行为本身的伦理性质（是非好坏）作出判断、防止奸淫等罪恶外，还往往处于避免将来产生祸患，尤其是避免纷争诉讼和家业破败。前一方面是一种伦理原则，后一方面则是从后果上来考虑，并且不是重在追求"最大多数人的最大幸福"，而是重在尽量避免坏的后果。除开其中的等级身份关系，这两点在今天依旧没有过时，对我们处理家庭事务等仍有启示。

5. 对照性阅读。《颜氏家训》和《袁氏世范》具体而系统地展示了中国历史上具有重要意义的唐宋转型前后的两个时代（门阀时代和新儒家时代），如果能将《袁氏世范》与《颜氏家训》对比起来阅读，将会对《袁氏世范》有更深入的理解，会有很多意想不到的收获。

# 五

本书点校所用底本为"中华再造善本丛书"据中国国家图书馆藏宋刻本影印的《袁氏世范》（以下称宋刻本），并参考"知不足斋丛书"刻本（以下称知不足斋本）、"文渊阁四库全书"本（以下称四库本）。《袁氏世范》原无章节标题，后人在宋刻本每章页眉上增加识语，知不足斋本则将其列为正式标题，今依据知不足斋本增加每章标题，同时补充序号（如"1.2"指第一卷第二章）。但知不足斋本偶尔有标题不恰当，本书根据原文主旨加以修订。此外，参考坊间已有的校注本，包括刘枫主编：《中国古典名著精华：袁氏世范》（阳光出版社，2016年），李勤璞校注：《袁氏世范》（上海人民出版社，2017年）；并参考了李勤璞先生的论文《权力与温情：南宋知县袁采的生涯和政治》（《大连大学学报》2016年第5期），其中对袁采的生平和著作情况作了细致考证。本书注解部分，还参考了《汉语大词典》《辞海》等工具书。

　　本书附录了七篇提要序跋，前面两篇《序》《后序》，为宋刻本原有；重刊本《序》和三篇跋语，原载于知不足斋本卷首和卷末；最后一篇是《四库全书总目提要》中关于《袁氏世范》的提要。

卷一

睦亲

# 1.1　性不可以强合

　　人之至亲，莫过于父子兄弟。而父子兄弟有不和者，父子或因于责善，兄弟或因于争财。有不因责善、争财而不和者，世人见其不和，或就其中分别是非而莫明其由。

　　盖人之性，或宽缓、或褊急①，或刚暴、或柔懦，或严重、或轻薄，或持检、或放纵，或喜闲静、或喜纷挐，或所见者小、或所见者大，所禀自是不同。父必欲子之性合于己，子之性未必然；兄必欲弟之性合于己，弟之性未必然。其性不可得而合，则其言行亦不可得而合。此父子兄弟不和之根源也。况凡临事之际，一以为是、一以为非，一以为当先、一以为当后，一以为宜急、一以为宜缓，其不齐如此。若互欲同于己，必致于争论。争论不胜，至于再三，至于十数，则不和之情自兹而启，或至于终身失欢。

　　若悉悟此理，为父兄者，通情②于子弟，而不责子弟之同于己；为子弟者，仰承③于父兄，而不望父兄惟己之听，则处事之际，必相和协，无乖争之患。孔子曰："事父母几④谏，见志不从，又敬不违，劳⑤而不怨。"此圣人教人和家之要术也，宜熟思之。

每个人最亲的，莫过于父子兄弟。然而，父子兄弟之间却有不和睦的。其原因或是因为父亲勉强儿子改过为善，或是因为兄弟之间相互争夺财产。有的父子兄弟之间并不因为劝勉为善、争夺财产而导致不和，世人见到他们不和，就从中分辨是非曲直，但却始终搞不明白不和的缘由。

人的性情，有的宽容和缓，有的脾气急躁；有的刚猛暴戾，有的柔顺软弱；有的严肃厚重，有的轻佻浮薄；有的矜持检点，有的放任不拘；有的喜欢闲适安静，有的喜欢纷繁热闹；有的见识短小，有的见识广博，禀性气质各各不同。父亲一定要子女的性情跟自己相合，而子女的性情却未必如此；兄长一定要弟弟的性情跟自己相合，而弟弟的性情却未必如此。性情不相合，那么他们的言行也不可能相合。这就是父子兄弟不和睦的根源。何况大凡在面临事情的时候，一个认为对，另一个认为错；一个认为应该在先，另一个认为应该在后；一个认为应该急些，另一个认为应该缓些，两方的观点是如此不同。如果相互都想要对方和自己想的一样，必定会导致争吵辩论。争吵辩论不分胜负，至于三番五次，甚至十几次，那么不和的情感就从此开启，甚或导致终生不相亲和。

如果大家都领悟到这个道理，那么做父亲、兄长的，就跟子女、弟弟沟通情感和想法，而不苛责子女、弟弟要跟自己保持一致；做子女、弟弟的，就会尽量依照父亲、兄长的意见行事，而不奢望父亲、兄长一定要听从自己，那么处理事情之时，必定会相互和睦协调，而没有乖违相争的患害。孔子说："侍奉父母，若父母有过，应婉转劝止，看到自己的心意没有被父母听从，还应照常恭敬，不要违逆，虽然心中忧愁，也不对父母怨恨。"这是圣人教给人们家庭和睦的关键方法，应该好好思量。

## ┃ 简注 ┃

① 褊（biǎn）急：度量狭小，性情急躁。

② 通情：互相沟通情况或情感。

③ 仰承：此指按对方意见办事。

④ 几（jǐ）：几微，轻微，婉转。

⑤ 劳：忧愁。

## ┃ 实践要点 ┃

这是开卷第一章，用意极深。如我们在导读中所说，《袁氏世范》共三卷，先讲和睦家庭，再讲立身处己，最后讲治家理财。而从这第一章来看，家庭和睦的"要术"，却仍然不是向外求，而是回到各人自身，从每个人自身的性情出发，发现人的性情各各有别，不可强求一致，从而学会理解、学会包容、学会沟通。也就是说，"家庭和睦"的诀窍仍在于"自我修养"。

此章可与后面 2.10 章对照来读。那里也说到人的性情各有所偏，应该善于救其偏失。确实，每个人应当严格要求自己，力求"变化气质"，矫正自己性情的偏颇。但是对于他人，尤其是亲人，却不能以这种方式过分苛责，更不能强求家人务必跟自己保持一致。"其性不可得而合，则其言行亦不可得而合。"强求一致，正是"父子兄弟不和之根源"。明白了这一点，与家人相处时自己就会换一种心态，不是埋怨或苛责，而是理解和包容，很多事情也就能够释然。有时候，强求性情一致，看起来是为了纠正家人的不良性情，实则不过是成全自己的任性和强横。当然，这也不是说要对家人不闻不问，该劝说阻止时还是要劝说阻止，但即使这样，也还是出于理解和包容的心态，而不是怨恨，更不是以暴力解决。

# 1.2　人必贵于反思

　　人之父子，或不思各尽其道，而互相责备者，尤启不和之渐也。若各能反思，则无事矣。为父者曰："吾今日为人之父，盖前日尝为人之子矣。凡吾前日事亲之道，每事尽善，则为子者得于见闻，不待教诏而知效[①]。倘吾前日事亲之道有所未善，将以责其子，得不有愧于心？"为子者曰："吾今日为人之子，则他日亦当为人之父。今吾父之抚育我者如此，畀付[②]我者如此，亦云厚矣。他日吾之待其子，不异于吾之父，则可俯仰无愧。若或不及，非惟有负于其子，亦何颜以见其父？"然世之善为人子者，常善为人父；不能孝其亲者，常欲虐其子。此无他，贤者能自反，则无往而不善；不贤者不能自反，为人子则多怨，为人父则多暴。然则自反之说，惟贤者可以语此。

## ┃　今译　┃

　　父子之间，有的彼此都不想着各尽其职，而互相求全责备，这尤其是导致父子渐渐不和的重要原因。如果能各自反思，就没什么事了。做父亲的说："我如今是做人的父亲，以前也曾做人的儿子。大凡我以前侍奉父母，事事能尽心尽力，那么做子女的看到听到了，不用等到别人教导就知道效仿①。如果我以前侍奉父母做得不够好，如今却要求自己的子女要做好，难道不会觉得有愧于心吗？"做儿子的说："我如今做人的儿子，将来也要做人的父亲。如今我的父亲这样抚养我长大、给予我所需，可称得上是厚爱了。将来我待我的子女，跟我父亲待我没什么差别，那就可以无愧于天地。如果有所不及，那不仅有负于子女，而且还有何颜面见我的父亲呢？"然而世上的好儿子，也常常是好父亲；不能孝顺父母的，也常常虐待自己的子女。这没有别的，只是因为贤者能自我反省，所以无论做父母还是做子女都能做好；而不贤者不能自我反省，所以做儿子就多怨恨，做父亲就多暴戾。这样来看，自反的道理，只有贤者才可以对他说（明白）。

## | 简注 |

/

① 效：效仿，模仿。
② 畀（bì）付：付与，给予。

## | 实践要点 |

/

家人之间日常多接触，而日常生活很琐碎，一不留心，就容易产生摩擦，相互怨恨。在此，"自反"就变得非常重要。每个人在家庭里，都有不同的角色，或者作为子女，或者作为父母。如果父母与子女在相互责备对方做得不好时，能够静下来，想想自己做得是否够好，曾经或将来自己处于对方的角色，又能不能做好，这样就能减少很多怨恨和暴戾。

"自反"能形成一种良性的循环。人都是有缺陷的，当你习惯于自我反省，你会发现并关注到自己的种种不足，从而急于改善和提升自己，而不会紧盯着别人的过错，也就会变得"躬自厚而薄责于人"；这样渐渐地，即使有些事经过自反发现自己的确没做错，而对方确实做得不好，你也能学会包容。

# 1.3 父子贵慈孝

慈父固多败子，子孝而父或不察。盖中人之性，遇强则避，遇弱则肆。父严而子知所畏，则不敢为非；父宽则子玩易[①]，而恣其所行矣。子之不肖，父多优容；子之愿悫[②]，父或责备之无已。惟贤智之人，即无此患。至于兄友而弟或不恭，弟恭而兄或不友[③]；夫正而妇或不顺，妇顺而夫或不正，亦由此强即彼弱，此弱即彼强，积渐而致之。为人父者，能以他人之不肖子喻[④]己子；为人子者，能以他人之不贤父喻己父，则父慈而子愈孝，子孝而父益慈，无偏胜之患矣。至于兄弟、夫妇，亦各能以他人之不及者喻之，则何患不友、恭、正、顺者哉！

---

| 今译 |

慈祥的父亲固然多有败坏的子女，但也可能子女孝顺，而父亲却不察觉的。这是因为常人的性情，遇到比自己强硬的就会退避，遇到比自己软弱的就会放

肆。父亲严厉，子女知道有所畏惧，就不敢胡作非为；父亲宽缓，子女就会轻视忽略，行事放纵。同样，子女不正派，父亲常常会纵容；子女忠厚朴实，父亲却可能责备个不停。只有贤良智慧的人，才不会有这个问题。至于兄长友爱而弟弟却可能不恭敬，弟弟恭敬而兄长可能不友爱；丈夫端正而妻子却可能不柔顺，妻子柔顺而丈夫可能不端正，这些也是因为此强则彼弱，此弱则彼强，渐渐积累导致如此。做人父亲的，能够以他人的不肖子来跟自己的子女比较；做子女的，能够以他人不贤良的父亲来跟自己的父亲对比，那就会父亲慈爱而子女也越来越孝顺，子女孝顺而父亲也越来越慈爱，不用担心有所偏颇了。至于兄弟、夫妇之间，如果也能各以他人做得不好的方面来作比较，那哪里还要担心做不到友爱、恭敬、端正、柔顺呢！

## ▎ 简注 ▎

① 玩易：玩忽，轻视，忽略。

② 愿愨（què）：朴实，诚实。

③ 兄或不友："或"字原无，据知不足斋本及上下文义补。

④ 喻：比方，比较，对比。

## ▎ 实践要点 ▎

常言道，慈父多败子，而另一种情况也可能出现，即子女孝顺，父亲却还常常斥责。作者还是从性情气质的角度来考察：人伦关系中的两方，常常是一个柔弱另一个就强硬，父子之间如此，兄弟、夫妇之间也类似。家庭生活容易习以为常，有时对方对你越好，你越觉得这是理所当然，并且总是认为对方做得还不够好；当对方稍有一点做得不好，你就立刻给人脸色，斥责起来。而你自己却从来没有想过应该怎样善待对方，如果对方偶尔提示你也该做好时，你又会说对方在苛求。正是在这个意义上，"人善被人欺"，善良的人容易吃亏，有美德者常被占便宜，慈爱和孝顺、友爱和恭敬、端正和柔顺这些善良美德显得是柔弱的。在此，作者给出了一个解决之道：如果拿别人家没做好的方面来跟自己的亲人对比，你就会发现自己原来有个好父亲、好母亲，或其实自己有个好儿子、好女儿，兄弟、夫妇的情况也一样。

另一个方法，则是作者在上一章讲到的"自反"：如果我们进一步发现别人家的父母很好，子女却不孝顺，反过来，其实自己的父母做得不错，自己却没有尽到为人子女的职责，那我们的心态就会更加平和，就会发现对方其实有诸多优点，这样双方的关系就走向缓和。其他的情况也类似。宋儒程明道曾说："天地生物，各无不足之理。常思天下君臣、父子、兄弟、夫妇，有多少不尽分处。"每个人先想想自己不尽职分之处，这是发现对方身上的好的第一步。

# 1.4 处家贵宽容

自古人伦，贤否相杂。或父子不能皆贤，或兄弟不能皆令，或夫流荡，或妻悍暴，少有一家之中无此患者，虽圣贤亦无如之何。如身有疮痍疣赘<sup>①</sup>，虽甚可恶，不可决去，惟当宽怀处之。能知此理，则胸中泰然矣。古人所以谓父子、兄弟、夫妇之间人所难言者如此。

| 今译 |

自古以来的人伦关系中，贤良和不肖相混杂。或是父与子不能都做到贤良，或是兄与弟不能都做到美好，或是丈夫下流放荡，或是妻子彪悍暴戾，很少有家庭没有这种患害的，即使圣贤也无可奈何。这就像身上有创伤赘疣，虽然挺可恶，但也不能够决然除去，只应该宽心待之。能知道这个道理，就会胸中坦然。古人所谓父子、兄弟、夫妇之间难以言说的，就是这样。

① 疮痍（chuāng yí）：创伤。疣赘（yóu zhuì）：皮肤上生的瘊子，比喻多余、无用的东西。

## | 实践要点 |

／

家庭人伦关系中，有些是属于天伦而无法选择的，如父母子女、兄弟姐妹，有些是已经选择而不当轻易离异的（天作之合），如夫妇。所以古人说父子一体，兄弟一体，夫妇一体。但其中总有家人不能尽其职分。无论如何，结合在一起就意味着责任，自己应该先尽自己的职分。孟子曾说："中也养不中，才也养不才，故人乐有贤父兄也。如中也弃不中，才也弃不才，则贤不肖之相去，其间不能以寸。"这是说，品德好的人教养熏陶那品德差的人，有才能的人教养熏陶那没才能的人，所以人们都希望有个好父兄。如果品德好的人遗弃那品德差的人，有才能的人遗弃那没才能的人，那么所谓好与所谓不好，他们中间的距离也就相近得不能用分寸来计量了。

《尚书》和《孟子》还记载了这样一个故事：帝舜的父母和弟弟性情恶劣，总是对舜使坏心眼，打发舜去修缮谷仓，等到舜爬到屋顶，就抽去梯子，舜的父亲还放火焚烧那谷仓；又打发舜挖一口井，然后又用土去填塞井眼（幸亏舜每次都得以逃生）。但即使这样，舜也仍旧只是要求自己事事依理而行，从来没有斥责过父母和弟弟，甚至没有直接纠正过他们的过失。后来，顽固的父母终于被感化了。明代大儒王阳明被贬到贵州龙场时，苗民有祭祀舜的弟弟象的，王阳明说这表明蛮横的弟弟最终也为哥哥所感化，成为善人，所以人们才供奉他。为此，王阳明还专门写了一篇《象祠记》。诚然，并不是每个人都能像舜那样，但是面对"少有一家之中无此患者"，最好的办法还是从自身做起，坦然处之，不埋怨也不放弃，这样，即使最终不能感化家人，我们也善待了对方，并成全了自己。

# 1.5 父兄不可辨曲直

子之于父，弟之于兄，犹卒伍之于将帅，胥吏<sup>①</sup>之于官曹<sup>②</sup>，奴婢之于雇主，不可相视如朋辈，事事欲论曲直。若父兄言行之失，显然不可掩，子弟止可和言几谏。若以曲理而加之子弟，尤当顺受，而不当辨。为父兄者又当自省。

儿子之于父亲，弟弟之于兄长，就像军队里的兵卒之于将帅，官府中的小吏之于官长，奴婢之于雇主一样，不可像朋友平辈那样看待，事事想要争个是非曲直。如果父兄言行有失，明显得不可掩盖，为人子弟的只可和颜悦色地委婉相劝。如果父兄把歪曲道理加在自己身上，为人子弟的尤其应该和顺承受，而不应该分辩争论。为人父兄的，又应当自我反省才行。

/

① 胥吏：古代掌理案卷、文书的小吏。

② 官曹：官吏办事处所。此指办事的官长。

| 实践要点 |

/

古时父子、兄弟之间注重尊卑上下之别，相对而言，子、弟处于在下和被动的一面。今天人们注重人格的平等，人与人之间没有贵贱等级之别。这是有必要慎重对待的。当然，平等并不意味着抹杀一切差别，长幼先后之别、抚恤养育之恩仍然存在，这并没有古今中外之别。在这个意义上，父母、兄长的确为尊。古人也说："门内之治恩掩义，门外之治义斩恩。"家庭的确是一个特殊的场域，总体上，家人之间注重恩情胜过于讲道理。我们也可以在这个意义上，同情地理解作者的意思。

此外，即使在古代，也并不主张愚孝。所以《孝经·谏争章》说："昔者，天子有争臣七人，虽无道，不失天下。诸侯有争臣五人，虽无道，不失其国。大夫有争臣三人，虽无道，不失其家。士有争友，则身不离于令名。父有争子，则身不陷于不义。故当不义，则子不可以不争于父，臣不可以不争于君，故当不义则争之，从父之令，又焉得为孝乎？"在重要和关键的情况下，如果不顾事实地一味顺承，而不据理力争，从而使父母陷于不义，这才是真正的不孝。所以我们要在顺承和是非之间有所平衡。家人之间虽重恩情，但也不可罔顾义理。

# 1.6  人贵善处忍[①]

人言居家久和者，本于能忍。然知忍而不知处忍之道，其失尤多。盖忍或有藏蓄之意。人之犯我，藏蓄而不发，不过一再而已。积之既多，其发也如洪流之决，不可遏矣。不若随而解之，不置胸次，曰"此其不思尔"，曰"此其无知尔"，曰"此其失误尔"，曰"此其所见者小尔"，曰"此其利害宁几何"，不使之入于吾心，虽日犯我者十数，亦不至形于言而见于色。然后见忍之功效为甚大，此所谓善处忍者。

## | 今译 |

人们说处家能长久和睦的，是由于能忍。然而知道忍却不知道忍的方法，那么过失就会更多。因为忍或许有包藏蓄积的意思。别人冒犯我，包藏蓄积而不发露出来，不过一次两次而已。蓄积得多了，就会像洪水决堤一样不可遏制地发露出来。因此，不如在被冒犯时当下就化解它，不要放在心上，对自己说"这不过是对方没有深思熟虑而已"，或说"这不过是对方无知而已"，或说"这不过是对方无意的失误而已", 或说"这不过是对方见识短小而已", 或说"这对我又有多大的利害关系呢", 总之不要让这事进入我的内心, 即使一天冒犯我十几次, 我也不至于表露出怨言或不满之色。由此才见出忍的功效极其大, 这就是所谓善于忍的人。

## | 简注 |

① 善处忍: 善, 知不足斋本作"能", 今据本章正文和主旨更改。本章明确说居家不可仅限于"能忍", 而贵在有忍的适当方法, 也就是"善处忍"。这点很重要。

## | 实践要点 |

俗话说"忍一时风平浪静, 退一步海阔天空"。家人不同于外人, 因此在处理家庭矛盾时, 比较强调"忍"。古时候同居共财, 有时候数世同堂, 一个家庭可有不少人, 这样家人之间的关系就更加复杂, 也就更强调"忍"。但要知道, "忍"是一把双刃剑, 运用得好自然有积极效果, 用得不好将会带来更坏的后果。"忍"本身表明有需要忍的东西, 诸如不满、抱怨、愤怒, 对这些消极情绪的隐忍, 可能在短时间内解决问题, 所谓息事宁人; 但是家人之间, 并不像陌生人的买卖那样可以一次性解决, 而是总有说不清的关联, 消极情绪隐忍在心中没有消除, 积蓄得越来越多, 总会有矛盾爆发的一刻。本章作者在"忍、处忍"前面加一个"善"字，可谓点睛之笔：关键不在于能够忍，而在善于忍。就像《孟子》所说："仁人之于弟也，不藏怒焉，不宿怨焉，亲爱之而已。"仁人对于弟弟（亲人），有所愤怒，不藏在心中；有所抱怨，不留在胸中，只是亲他爱他而已。

因此，有必要区分两种不同的忍：一种是消极的忍，其实质是积蓄不良情绪以待爆发，从长远来看，总会带来负面效果；另一种则是积极、健康的忍，也就是作者说的"善处忍"，指以合适方式在当下释放、消除不良情绪，而不可积藏。后一意义上的"忍"实质就是消极情绪净化剂，它让人变得越来越强大，不会轻易为外界所扰动；它甚至还可能让人产生包容、仁爱之心，当我们明白家人的冒犯是由于其过失、不思、无知或见识短浅等时，我们不但不会抱怨不满，反而希望通过适当的方式来让家人变得更好。当然，这并不是居高临下的怜悯，而是出自人类本性的一种亲爱恻隐之心，其中有对家人的人格尊重和真爱。

# 1.7　亲戚不可失欢

骨肉之失欢，有本于至微而终至不可解者。止由失欢之后，各自负气，不肯先下尔。朝夕群居，不能无相失。相失之后，有一人能先下气，与之话言，则彼此酬复，遂如平时矣。宜深思之。

家庭骨肉之间失和，有起于细微小事，却最终导致不可化解的。这只是由于失和之后，各自赌气，不肯先放下身段跟对方和解。家人朝夕群居住在一块，不可能相互之间没有差失摩擦。有了差失摩擦之后，如果有一人能先下气和解，跟对方说话通气，那就会彼此应答对话，就好像平时一样了。对此应该好好思量。

| 实践要点 |

本章谈了两种常见的家庭经验：一种是常见的家庭问题，另一种是常见的解

决问题之道。家人之间同在一个屋檐下，低头不见抬头见，难免有摩擦矛盾。家人失和，相信是一种常见的经验。这些摩擦一开始常常无足轻重，而且前后相因、纠缠不清，难以辨别谁对谁错，甚至根本也不必要分辨是非。解决的办法，其实并不一定要隆重地赔礼道歉，而不过是有个人放下身段，有事没事找个来由搭个讪，这样总是会得到对方的回应（并且开始总是简单答复），一来二去，不和之气早已消失殆尽，双方早已不知不觉和好如初。对方也早已气消，哪怕气还未消，此方不经意的一句话，也会像一股暖气流经对方（其实，通话本身就是通气），扫除对方身上的不和之气。

《红楼梦》里有一段精彩的宝黛闹口角又和好的故事。"话说林黛玉与宝玉角口后，也自后悔，但又无去就他之理，因此日夜闷闷，如有所失。"这是说黛玉气消了，但又不好意思主动理会宝玉。这时宝玉正好来了。黛玉却赌气说："不许开门！"丫鬟没有听。宝玉进来后说："你们把极小的事倒说大了。好好的为什么不来？我便死了，魂也要一日来一百遭。妹妹可大好了？"显然就要来套近乎了。进来后发现黛玉在床上哭。"宝玉因便挨在床沿上坐了，一面笑道：'我知道妹妹不恼我。但只是我不来，叫旁人看着，倒像是咱们又拌了嘴的似的。若等他们来劝咱们，那时节岂不咱们倒觉生分了？不如这会子，你要打要骂，凭着你怎么样，千万别不理我。'说着，又把'好妹妹'叫了几万声。"两个人还在闹着，最后居然把宝玉给弄得"自叹自泣，因此自己也有所感，不觉滚下泪来"。黛玉就哭着给他拿了手帕擦眼泪。宝玉停止哭，又拉着黛玉的手，笑着说要去老太太那。这一幕刚好被准备来劝和的王熙凤撞见，笑着说："老太太在那里抱怨天抱怨地，只叫我来瞧瞧你们好了没有。我说不用瞧，过不了三天，他们自己就好了。老太太骂我，说我懒。我来了，果然应了我的话了。也没见你们两个人有些什么可拌的，三日好了，两日恼了，越大越成了孩子了！有这会子拉着手哭的，昨儿为什么又成了乌眼鸡呢！还不跟我走，到老太太跟前，叫老人家也放些心。"凤姐儿说得很喜感。其实，在跟家人闹矛盾的时候，最好的办法就是"越大越成了孩子"，说些无心之言，这样相互之间就不知不觉通气了。宝玉、黛玉是表兄妹，但早已亲近胜如家人。当然，黛玉确实比较难"伺候"，因此体贴的宝玉就要多担待些了。家人之间不和也一样，总有一方先放下身段，多担待些。

# 1.8　家长尤当奉承

兴盛之家，长幼多和协，盖所求皆遂，无所争也。破荡之家，妻孥未尝有过，而家长每多责骂者，衣食不给，触事不谐，积忿无所发，惟可施于妻孥之前而已。妻孥能知此，则尤当奉承。

## ▎　今译　▎

兴旺的家庭，长幼之间多和睦相处，因为所求的都能得到满足，无需去争。破败的家庭，妻子儿女未曾有过失，但家长却每每多加责骂，这是因为衣食不能满足，遇事不能顺遂，怨愤积蓄起来无处发作，只能发泄到妻子儿女身上。妻子儿女能够理解到这些，就尤其应当顺承他。

## ▎　实践要点　▎

古时候是父权制的家庭，在这里也得到表露：父亲作为家长可以把气发泄在妻子儿女身上，而被发泄者则要忍受。这在今天显然是不可接受的，否则将可能导致家庭暴力。这一点必须明确。当然，在此之外，如果更体贴地理解这段话，也可以另有启发。家家有本难念的经。尤其是在外打拼撑持家庭的人，确实会更加艰难和辛苦，回到家也无法开心释怀，并容易动气，这时，家人如果体贴理解到在外打拼者的无奈和艰辛，不妨默默地做一些事，例如给他倒一杯水，并且不要介意那些并不严重的无理回应，久而久之，对方总能体会到，这样，"家和万事兴"，家庭境况总会好起来。

# 1.9　顺适老人意

年高之人，作事有如婴孺，喜得钱财微利，喜受饮食、果食小惠，喜与孩童玩狎。为子弟者，能知此而顺适其意，则尽其欢矣。

## 今译

年纪大的人，做事情就像婴孩一样，喜欢得到小财小利，喜欢收受饮食、水果之类小恩惠，喜欢跟小孩玩耍。为人子弟的，能够知道这些而顺随其意，就能使长者尽其欢心了。

## 实践要点

老人行事像小孩，这应该是人类的一种普遍习性。因此表现得贪小利、好小恩惠、喜欢跟小孩玩等。例如年轻人尤其是少女容易害羞，市场上买菜的不少大妈则喜欢大声砍价；老人也喜欢收藏不紧要的用具财物，即使有些根本用不到，也特别珍惜；有时也会看到有些老人捡垃圾，而这并不必是因为经济紧张。如果理解了这些，我们就知道如何善待老人：老人其实就像小孩子一样容易满足，只要自己稍加尽心，就容易得其欢心。同时，如果意识到这是人类的一种普遍心理习性并且每一个安然度过一生的人都会成为一位长者、老人，而不是某个人的独特怪癖，那么，我们对于老人的某些行为也不必过于纠结。毕竟，哪怕对于孩子，大人也不会无端责怪他们出于无知的、不是故意的行为。

# 1.10　孝行贵诚笃

人之孝行，根于诚笃，虽繁文末节不至，亦可以动天地、感鬼神。尝见世人有事亲不务诚笃，乃以声音笑貌缪为恭敬者，其不为天地鬼神所诛，则幸矣，况望其世世笃孝，而门户昌隆者乎！苟能知此，则自此而往，应[①]与物接，皆不可不诚。有识君子，试以诚与不诚者较其久远，效验孰多。

| 今译 |

为人子女的孝行，只要是发自真诚深切的内心，那么即使在繁文末节上没有做得完美，也可以惊天地动鬼神。曾见到有的人侍奉父母不追求真诚深切，却错以表面的声音笑貌为恭敬，这样做如果不为天地鬼神所诛灭就算幸运了，更别想期望世世代代子孙孝顺而且家族昌盛兴隆了！如果能知道这一点，则从此以后，侍奉父母凡事都不可不诚心。有识之君子不妨从长远来看，诚心与不诚心哪个的成效更多。

① 应，四库本作"凡"，文义更顺。

| 实践要点 |

古人非常重视"诚"。诚在人就是内心的真实无妄，"诚于中，形于外"（《大学》）。它有非常大的力量，所谓精诚所至，金石为开。《中庸》说："唯天下至诚为能化。""至诚之道，可以前知。""至诚如神。诚者自成也，而道自道也。诚者物之终始，不诚无物。是故君子诚之为贵。"如果不诚，做过的事也是虚假的，做了也像没做过一样。与上一章谈到的相关，年长的父母虽然看起来喜好财利，但那只是喜好小财小利，因此在这方面哪怕出力很少就可以满足，但如果只是表现在声音笑貌上，或购买各种丰美的物品，就以为是孝顺，那就错了。《孟子》说："悦亲有道，反身不诚，不悦于亲矣……至诚而不动者，未之有也。不诚，未有能动者也。"与表面的声色和外面的财物相比，唯有内心的真诚最能感动双亲，使双亲欢悦。《荀子》也说："天地为大矣，不诚则不能化万物；圣人为知矣，不诚则不能化万民；父子为亲矣，不诚则疏。"如果不真诚，哪怕最亲近的父子，也容易疏远。

# 1.11　人不可不孝

　　人当婴孺之时，爱恋父母至切。父母于其子婴孺之时，爱念尤厚，抚育无所不至。盖由气血初分，相去未远，而婴孺之声音笑貌自能取爱于人，亦造物者设为自然之理，使之生生不穷。虽飞走微物亦然。方其子初脱胎卵之际，乳饮哺啄，必极其爱。有伤其子，则护之不顾其身。然人于既长之后，分稍严而情稍疏，父母方求尽其慈，子方求尽其孝。飞走之属稍长，则母子不相识认。此人之所以异于飞走也。然父母于其子幼之时，爱念抚育，有不可以言尽者。子虽终身承颜致养，极尽孝道，终不能报其少小爱念抚育之恩，况孝道有不尽者！凡人之不能尽孝道者，请观人之抚育婴孺，其情爱如何，终当自悟。亦犹天地生育之道，所以及人者至广至大，而人之回报天地者何在？有对虚空焚香跪拜，或召羽流斋醮<sup>①</sup>上帝，则以为能报天地，果足以报其万分之一乎？况又有怨咨<sup>②</sup>乎天地者！皆不能反思之罪也。

／

人在婴幼之时，喜爱眷恋父母至为深切。父母在其孩子处于婴幼之时，关爱挂念尤其深厚，抚育长养无微不至。这是由于父母与孩子气血刚分开，相去不远，而婴孩的声音笑貌自然能招人疼爱，这也是老天设置的自然之理，使万物能够生生不穷。即使飞禽走兽微末之物也是如此。在它们的孩子刚从胎卵中出来时，哺乳喂食必定关爱至极。如果有伤害其孩子的，它们就会奋不顾身地保护孩子。但是，人在慢慢长大后，父子之间更讲究名分，情分则变得疏远，因此父母才力求尽到慈心，子女才力求尽到孝心。禽兽稍稍长大后，则更是母子之间不相认识了。这就是人之所以跟禽兽有别的地方。但是父母在其子女幼小时的关爱养育，再多的言语也无法说尽。子女哪怕终身承顺抚养父母，竭尽孝道，也无法报答父母在其幼小时的关爱养育之恩，何况不能竭尽孝道的人呢！凡是不能尽孝道的人，请看一下人在抚育婴孩时，那种情爱是多么真挚深切，终会自己醒悟。这也像天地对人的生育长养之道，是如此地至广至大，而人对天地的回报又在哪里呢？有的人对着虚空焚香跪拜，或请道士之类设坛祷神，以为这就能报答天地，这样做果真足以报答万分之一吗？何况又有（因为没有得其所欲）怨恨嗟叹天地的呢！这些都是不能自我反省之罪。

／

① 羽流：指道人、道士。斋醮：请僧道设斋坛，祈祷神佛。

② 怨咨：怨恨嗟叹。

---

## | 实践要点 |

／

父母对子女的爱是最自然真挚的，尤其在子女初生的一段时间中。孔子责怪不仁的弟子宰我（予）时说："子生三年，然后免于父母之怀……予也有三年之爱于其父母乎？"仅仅这最初三年的爱，就足以令子女后来对父母的爱失色：做子女的何曾有如此真挚深切、三年如一日地爱过父母呢？

这种父母对子女的爱，并不只是人类才有，动物也如此。我们也许还记得屠格涅夫讲的麻雀故事："我"打猎回来，猎狗发现一只从树巢上掉下来的小麻雀。"我的狗慢慢地逼近它。忽然，从附近一棵树上扑下一只黑胸脯的老麻雀，像一颗石子似的落在狗的嘴脸眼前——它全身倒竖着羽毛，惊惶万状，发出绝望、凄惨的吱吱喳喳叫声，两次向露出牙齿、大张着的狗嘴边跳扑前去。它是猛扑下来救护的，它以自己的躯体掩护着自己的幼儿……可是，由于恐怖，它整个小小的躯体都在颤抖，它那小小的叫声变得粗暴嘶哑了，它吓呆了，它在牺牲自己了！在它看来，狗该是个多么庞大的怪物啊！然而，它还是不愿站定在自己高高的、安全的树枝上……一种比它的意志更强大的力量，使它从那儿扑下身来。"为了保护孩子，老麻雀绝望地猛扑下来挑战一只庞然大物般的猎狗——这真是如本章所说的："有伤其子，则护之不顾其身。"——老麻雀身上其实同时充满了本能的恐惧和本能的爱，但是爱却战胜了恐惧。这种爱的力量也战胜了猎狗："我的特列左尔站住了，向后退下来……看来，它也承认了这种力量。"也战胜了猎人："我赶紧叫开受窘的狗——于是，我怀着极恭敬的心情，走开了。是啊，请不要见笑。我崇敬那只小小的、英勇的鸟儿，我崇敬它那爱的冲动。爱，我想，比死和死的恐惧更加强大。只有依靠它，依靠这种爱，生命才能维持下去，发展下去。"

但是，如果说人和动物都有这种爱，那么二者之间还有什么差别呢？有人会说人类有理性，而动物没有。这并不错。但是古人们还给出了一种回答：人类不仅有跟动物一样的本能一般的爱，而且有那种自觉的爱。动物长大后，就母子不相识了；人类在子女长大后，却仍然保持一种自觉的爱，并且这同样是自然而然的天赋之爱，只不过多了一份人性的努力和文明的光辉。正如孟子所说，恻隐之心、羞恶之心、辞让之心、是非之心乃人人所固有，但并不可有恃无恐，而仍需要努力，"思则得之，不思则不得"，需要扩充，"苟能充之，足以保四海；苟不充之，不足以事父母"。当代哲学家张祥龙先生在《家与孝：从中西间视野看》一书中，基于人类学和生物学的研究，同样认为人与动物有这种本质区别，并从哲学的角度对"孝"作出一种深刻的现象学分析。这值得我们撇开古人关于尊卑观念的某些时代因素，重新思考"孝"的普遍意义。

且听一下《诗经》中古老的吟唱："哀哀父母，生我劬劳……父兮生我，母兮鞠我。拊我畜我，长我育我。顾我复我，出入腹我。欲报之德，昊天罔极。"

# 1.12　父母不可妄憎爱

人之有子，多于婴孺之时，爱忘其丑，恣其所求，恣其所为。无故叫号，不知禁止，而以罪保母；陵轹同辈，不知戒约，而以咎他人。或言其不然，则曰："小，未可责。"日渐月渍，养成其恶，此父母曲爱之过也。及其年齿渐长，爱心渐疏，微有疵失，遂成憎怒，摭其小疵，以为大恶。如遇亲故，装饰巧辞，历历陈数，断然以大不孝之名加之，而其子实无他罪，此父母妄憎之过也。爱憎之私，多先于母氏，其父若不知此理，则徇其母氏之说，牢不可解。为父者须详察此，子幼必待以严，子壮无薄其爱。

---

**│　今译　│**

有孩子的人，大多在孩子婴幼时就溺爱，而忽视其丑恶的一面，放纵孩子的要求和作为。孩子无故嚎叫时，不知道去禁止，反而怪罪保姆；孩子欺凌同辈时，不知道去告诫约束，反而责怪他人。如果有人告诉他这样不对，他就说：

"孩子还小，未可责怪。"日复一日，养成其恶，这就是父母曲加溺爱的过错了。等到孩子年龄渐渐大，父母的爱心也渐渐疏薄，孩子略有过失，父母就憎恶发怒，挑出孩子的小错，当成是大恶。如果遇到亲戚故旧，就修饰言辞，一五一十地数落，断然以大不孝之罪名加在孩子头上。但他的孩子其实并没别的罪。这就是父母妄加憎恨的过错了。爱憎有所偏私，大多从母亲开始，父亲如果不知道这个道理，就会曲从母亲一方的说法，牢固得不可解开。做父亲的需要细察这个，孩子幼小时必须严格教育，孩子长大后不要减少对他的爱。

## | 实践要点 |

为人父母总容易有这样的倾向：孩子幼小时多加溺爱放纵，哪怕孩子对别人和自己都傲慢不尊，也不严加约束；孩子长大后则容易求全责备，哪怕孩子已经表现不错，也不以为然。尤其是前者，一如《大学》所引当时的俗谚："人莫知其子之恶，莫知其苗之硕。"为此，作者给出相应的解药：孩子幼小时自己必须严格对待，孩子长大后不要减少了自己的爱。这是一种世事洞明的老练智慧，足以为鉴。

# 1.13  子弟须使有业

人之有子，须使有业。贫贱而有业，则不至于饥寒；富贵而有业，则不至于为非。凡富贵之子弟，耽酒色，好博弈，异衣服，饰舆马，与群小为伍，以至破家者，非其本心之不肖，由无业以度日，遂起为非之心。小人赞其为非，则有餔啜①钱财之利，常乘间而翼成之。子弟痛宜省悟。

| 今译 |

有孩子的人，需要让孩子有一份职业。处于贫穷下层而有职业，就不至于忍饥受冻；处于富贵上层而有职业，就不至于胡作非为。富贵人家的子弟，凡是沉迷酒色，嗜好赌博下棋，爱穿奇装异服，装饰车马，跟不务正业的群小为伍，以至于破家的，并不是由于他们本来就心很坏，而是由于没有职业，虚度时日，就起了胡作非为之心。那些小人帮助其胡作非为，则会得到饮食钱财之利，因此常趁机而助成其过错。子弟们对此应当痛自反省悔悟。

① 餔啜 (bū chuò): 饮食，语见《孟子·离娄上》："孟子谓乐正子曰:'子之从于子敖来，徒餔啜也。我不意子学古之道，而以餔啜也。'"朱子注:"餔，食也。啜，饮也。"

| 实践要点 |

/

本章所说，道理极其平实，又极其重要。整天无所事事的人，容易滋生事端。这确实跟人的品性好坏、乃至家庭经济状况的好坏，没有必然关系。不管品性和家产如何，只要没事做了，人的心思无可用，精力无处使，就很容易往坏的方向去。古今皆然。今天世界各国重视提高就业率，不仅是出于经济考虑，而且因为若出现大批失业者，将更容易造成社会乱象。那些富贵人家的子弟，因为不担心生存压力，时间也多，如果没有一份正经事来管束住，就更容易胡作非为。所以，一份正经职业可以让人的心思、精力有地方使，既历练了自己，也造福了社会。

# 1.14　子弟不可废学

大抵富贵之家教子弟读书，固欲其取科第，及深究圣贤言行之精微。然命有穷达，性有昏明，不可责其必到，尤不可因其不到而使之废学。盖子弟知书，自有所谓无用之用者存焉。史传载故事，文集妙词章，与夫阴阳、卜筮、方技、小说①，亦有可喜之谈。篇卷浩博，非岁月可竟。子弟朝夕于其间，自有资益，不暇他务。又必有朋旧业儒者，相与往还谈论，何至"饱食终日，无所用心"②，而与小人为非也？

| 今译 |

一般来说，富贵家庭教子弟读书，固然希望子弟通过科举考取功名，以及深究经典中圣贤言行的精微之义。但是，命有穷厄和通达，性有昏暗和明敏，因此不可要求子弟一定要考取功名、悟出精义，尤其不可因为子弟不能做到这些就让他放弃学习。因为子弟能够读书，就自有所谓"无用之用"。（除了圣贤经典之外）历史传记记载的故事，文集中的妙词好文，以及阴阳、卜筮、方技、小说这一类

学问，也都有令人高兴的内容，而且篇幅浩大，不是一年半载可以读完。子弟们每天浸润在其中，自有益处，也没闲暇去干别的事。而且必定有学习儒家经典的故旧朋友，相互交往讨论，又哪里至于饱食终日，无所用心，而与小人胡作非为呢？

## | 简注 |

①　阴阳、卜筮、方技、小说："九流十家"中的四家，其中的"小说"是指琐屑偏颇的言论。班固《汉书·艺文志》说："诸子十家，其可观者九家而已。"十家包括儒家、道家、阴阳家、法家、名家、墨家、纵横家、杂家、农家、小说家，其中"小说家"被认为不可观，除去它，就成为"九流"。

②　饱食终日，无所用心：孔子之言，语出《论语·阳货》。

## | 实践要点 |

本章所谈也非常中理。唐宋以来，读书参加科举以入仕做官，逐渐成为士人获取功名、光宗耀祖的重要途径。今天，人们的价值观已经不同，读书做官并不是实现人生价值的唯一途径。因此，本章对于今人尤其有针砭作用。关键在于如何理解"读书"的意义。父母总是望子成龙，希望孩子能够考上名牌大学，甚至只要排名前几的名校。但结果并不一定如愿。如果不能考上名校，就认为读书学习没有意义了，乃至持读书无用论的观点，这就误会了"读书学习"本身的意义了。读书不一定要作为求取功名地位的"工具",甚至不一定要完全把握书中的精微道理。也就是说,读书学习本身是一种积极的生活方式,这种生活本身就有其意义。

而且,读书也可以充分利用好时间,让人没空闲胡作非为(所读的书自然不能是有害的),孔子说"饱食终日,无所用心,难矣哉!不有博弈者乎,为之犹贤乎已",也是这个道理:下棋、看闲书,也比无所事事好。并且,通过读书,还可以和书友讨论交流,如陶渊明所说"奇文共欣赏,疑义相与析",这本身也营造了有益的生活氛围。

# 1.15　教子当在幼

人有数子，饮食、衣服之爱不可不均一；长幼尊卑之分，不可不严谨；贤否是非之迹，不可不分别。幼而示之以均一，则长无争财之患；幼而教之以严谨，则长无悖慢之患；幼而有所分别，则长无为恶之患。

今人之于子，喜者其爱厚，而恶者其爱薄。初不均平，何以保其他日无争！少或犯长，而长或陵少，初不训责，何以保其他日不悖！贤者或见恶，而不肖者或见爱，初不允当，何以保其他日不为恶！

---

## ┃　今译　┃

人有几个孩子的，在饮食、衣服方面的关爱，不可不平均齐一；长幼尊卑的分别，不可不严格谨慎；贤德与不肖、是与非的迹象，不可不加以辨别。幼小时对他们显示平均齐一，长大后就不会有争财产之患；幼小时教他们要严肃谨慎，长大后就不会有悖逆傲慢之患；幼小时教他们辨别是非，长大后就不会有作恶作歹之患。

今人对于孩子，喜欢的就爱得多，憎恶的就爱得少，一开始就不平均，如何能保证孩子日后不相争呢！年少的可能冒犯年长的，年长的可能欺凌年少的，如果一开始就不训斥责备，如何能保证孩子日后不悖逆呢！贤德之人可能被憎恶，而不肖者却可能受人喜爱，一开始就不公允妥当，如何能保证孩子日后不作恶呢！

| **实践要点** |

本章主要强调：教孩子要趁早，年纪小容易接受，年纪大了就容易排斥。并且，还指出教孩子要以身作则。这后一方面极其重要。《大学》说："尧舜帅天下以仁，而民从之；桀纣帅天下以暴，而民从之；其所令反其所好，而民不从。是故君子有诸己而后求诸人，无诸己而后非诸人。"教育孩子也类似，孩子不仅听父母怎么说，而且看父母怎么做：如果自己不能做到平均，却要求孩子日后不要相争，这怎么可能呢？下章接着展开说这一点。

# 1.16　父母爱子贵均

人之兄弟不和而至于破家者，或由于父母憎爱之偏。衣服饮食，言语动静，必厚于所爱而薄于所憎。见爱者意气日横，见憎者心不能平。积久之后，遂成深仇。所谓爱之，适所以害之也。苟父母均其所爱，兄弟自相和睦，可以两全，岂不甚善！

## ┃　今译　┃

兄弟之间不和而至于家庭破裂的，有的是由于父母爱憎有偏私。在衣服饮食、言语动静方面，一定厚待所疼爱的孩子，而薄待所憎恶的孩子。被疼爱的孩子意气日益骄横，被憎恶的孩子心里愤愤不平。积累长久之后，就酿成了深仇大怨。所谓爱孩子，恰好是害了孩子。如果父母能平均爱心，那么兄弟自然相互和睦，可以两全其美，这岂不是很好吗？

## | 实践要点 |

父母爱憎的偏私，会深刻影响兄弟姐妹之间如何相互对待。本章将其缘由简明深刻地点出来。值得为人父母深思。

# 1.17 父母常念子贫

父母见诸子中有独贫者，往往念之，常加怜恤，饮食衣服之分或有所偏私，子之富者或有所献，则转以与之。此乃父母均一之心。而子之富者或以为怨，此殆未之思也。若使我贫，父母必移此心于我矣。

## | 今译 |

父母见几个孩子中有独独贫困的，往往挂念他，经常加以体恤照顾，分配饮食衣服或许有所偏私，较富有的孩子如果送给父母什么东西，父母则转而拿给贫困的孩子。这是父母平均齐一的心思使然。而较富有的孩子或以此生怨，这实在是没有深思啊。应该想到，如果贫困的是我，那么父母也必定会将体恤照顾的心思移到我这边来的。

## | 实践要点 |

本章的关键在于，从父母表面上有所偏私的行为中，看出实质上并非如此，而仍是出于平均齐一之心思。父母的本心，总是希望每个孩子都过得好，因此总会倾向于关照较贫困的孩子。细细想来，真是可怜天下父母心。作者的心思，也可谓曲尽人情。

# 1.18　子孙当爱惜

人之子孙，虽见其作事多拂己意，亦不可深憎之。大抵所爱之子孙未必孝，或早夭，而暮年依托及身后葬、祭，多是所憎之子孙。其他骨肉皆然。请以他人已验之事观之。

人对于子孙，即使看见其做事经常拂逆自己的心意，也不可以过于憎恶。一般而言，所疼爱的子孙未必孝顺，又或者早早夭亡，而自己年老时依托的，以及身后葬祭的，多是所憎恶的子孙。其他亲戚骨肉的情况也类似。请看一看别人家已经应验的例子。

## 实践要点

本章可谓很现实的考虑。人生在世确实不可能完美，凡事不可做得太过，也是为自己留一条后路。

# 1.19　父母多爱幼子

同母之子，而长者或为父母所憎，幼者或为父母所爱，此理殆不可晓。窃尝细思其由，盖人生一二岁，举动笑语自得人怜，虽他人犹爱之，况父母乎！才三四岁至五六岁，恣性啼号，多端乖劣，或损动器用，冒犯危险，凡举动言语皆人之所恶。又多痴顽，不受训戒，故虽父母亦深恶之。方其长者可恶之时，正值幼者可爱之日，父母移其爱长者之心而更爱幼者。其憎爱之心，从此而分，遂成迤逦。最幼者当可恶之时，下无可爱之者，父母爱无所移，遂终爱之。其势或如此。为人子者，当知父母爱之所在，长者宜少让，幼者宜自抑。为父母者又须觉悟稍稍回转，不可任意而行，使长者怀怨而幼者纵欲，以致破家①。

| 今译 |

都是同一个母亲生的，而有些大的孩子为父母所憎恶，小的孩子则为父

母所疼爱，这个道理真是不可理解。我私下曾细想其缘由，大概人生一二岁时，言笑举动自然惹人怜爱，即使是其他人也都怜爱，何况父母呢！才三四岁到五六岁，纵情地啼哭嚎叫，做出多种乖劣行径，或者破坏器具用品，触碰危险的物事，诸般举动言语都为人所厌恶。又多痴愚顽固，不听教训告诫，所以即使是父母也深深厌恶他。大的孩子令人厌恶之时，正是小的孩子招人怜爱之时，父母便将爱大的孩子的心思转移到小的身上更加爱护。爱憎的心思，就由此而分别，以致逐渐拉开距离。最小的孩子正值可恶之时，下面没有可以怜爱的了，父母的爱无可转移，于是终归还是爱这最小的孩子。其趋势或是如此。为人子女的，应当知道父母爱之所在，大的应该稍微让着点，小的应该自我抑制些。做父母的又需要觉悟到这个道理，心思稍稍回转些，不可任意而行，使得大的孩子怀怨在心，而小的孩子又为所欲为，乃至家庭破裂。

| 简注 |

① 以致破家：知不足斋本此下有"可也"二字。

| 实践要点 |

本章对"父母更爱幼子"这个现象做了一番可谓现象学式的细致分析，十分生动贴切。正是因为大的孩子越来越放肆，而最小的孩子下面没有可怜爱的了，

所以显得更爱幼子，其实这是很无奈的结果，父母本心其实是希望孩子个个都和顺有礼。由此，作者的意图还是归结为：如果明白了父母之所以更爱幼子的一番心思，大的孩子和小的孩子都应该收敛些，而为人父母也要稍稍克制偏爱的心理，不要做得过分。作者的用心值得体会。

# 1.20　祖父母多爱长孙

父母于长子多不之爱，而祖父母于长孙多极其爱。
此理亦不可晓。岂亦由爱少子而迁及之耶？

## ┃　今译　┃

父母对于长子多不喜爱，而祖父母对于长孙却多疼爱有加。这个道理也不可
理解。难道也是由疼爱幼子而迁移到长孙身上吗？

## ┃　实践要点　┃

本章接着上章，谈到"祖父母更爱长孙"这个现象。其推测虽然简单，但也
很合情理。

# 1.21　舅姑当奉承

凡人之子，性行不相远，而有后母者，独不为父所喜。父无正室<sup>①</sup>而有宠婢者亦然。此固父之昵于私爱，然为子者要当一意承顺，则天理久而自协。凡人之妇，性行不相远，而有小姑者，独不为舅姑所喜。此固舅姑之爱偏，然为儿妇者要当一意承顺，则尊长久而自悟。或父或舅姑<sup>②</sup>终于不察，则为子为妇无可奈何，加敬之外，任之而已。

## ┃ 今译 ┃

大凡人的孩子，性情品行相差不远，那些后来有了继母的孩子，独独不为父亲所喜爱。父亲没有正房而有宠爱的婢妾的，情况也是如此。这固然是由于父亲更亲昵于所偏爱的孩子，但为人子的总该一心一意承顺父母，则长久以后，父子间之天理人伦自然会和谐。大凡人的媳妇，性情品行相差不远，那些有小姑的，独独不为公婆所喜爱。这固然是公婆之爱有所偏私，但做媳妇的总该一心一意承顺公婆，则长久以后，公婆作为尊长自然会醒悟。如果父亲或公婆最终还是不能明察，那么为人子、为人媳妇的也无可奈何，在恭敬之外，只好任随他们了。

／

① 正室：正房，嫡妻。
② 舅姑：丈夫之父母，俗称公婆。

| 实践要点 |

／

这里主要指出两种自古以来就不容易协调处理好的家庭关系：一种是有继母的家庭，父亲和前妻孩子之间的关系；一是公婆和媳妇之间的关系。在此，作者着重对晚辈谈到三点：

第一，正常情况下，做晚辈的总应该承顺长辈，这是基本的人伦要求；

第二，只要自己坚持做好，相信长辈总会看清事实或幡然醒悟；

第三，如果长辈还是没有改观，做孩子、做媳妇的，也只能无可奈何，保持基本的恭敬，其他就任随他们了。

在今天看来，这固然只是更多提到对晚辈的要求，实则做长辈的也应该自我约束、多做反省。当然，无论如何，人与人的相处不应该以怨报怨，何况是家人呢。

# 1.22　同居贵怀公心

兄弟子侄<sup>①</sup>同居至于不和，本非大有所争。由其中有一人设心不公，为己稍重，虽是毫末，必独取于众；或众有所分，在己必欲多得。其他心不能平，遂启争端，破荡家产，驯小得而致大患。若知此理，各怀公心，取于私则皆取于私，取于公则皆取于公。众有所分，虽果实之属，直不数十金<sup>②</sup>，亦必均平，则亦何争之有！

| 今译 |

兄弟子侄同居一家而至于不相和睦，本不是有什么大的争端。只因其中有一个人存心不公正，利己之心重了些，哪怕只是一点点，也必定独独从大家中拿取，或者大家有所分配，自己一定想要多得。这样，其他人的心就会不平，于是开启争端，离析耗尽家产。昧于贪小利，而导致大患。如果知道这个道理，各各怀着公心，从各人那拿取就都从各人那拿取，公摊就都公摊。大家有所分配，哪怕是果实之类，值不了几十文钱，也必定平均分，那么又怎么会相争呢！

/

① 子侄：儿子与侄子辈的统称。

② 数十金：金，知不足斋本作"文"。

## | 实践要点 |

/

　　家人同居，贵在有公心。人的私心稍微偏重一些，就容易导致争端。作者对这个导致争端的过程，剖析得极其细腻，可谓丝丝入扣。

# 1.23　同居长幼贵和

兄弟子侄同居，长者或恃长陵轹卑幼，专用其财，自取温饱，因而成私；簿书①出入，不令幼者预知。幼者至不免饥寒，必启争端。或长者处事至公，幼者不能承顺，盗取其财，以为不肖之资，尤不能和。若长者总持大纲，幼者分干细务，长必幼谋，幼必长听，各尽公心，自然无争。

## │　今译　│

兄弟子侄同居，有的年长者会自恃其长而欺凌卑幼者，专横地用卑幼者的财物，让自己取得温饱，由此而成私；记录一家财物的簿册出纳情况，不让幼者预先知道。致使幼者不能免于饥寒，这样必定要开启争端。又有的长者处事公正，而幼者不能顺从，盗取长者的财物，用来做不正派之事，这样尤其不能和睦。如果长者总揽把持大纲，幼者分做细务小事，长者为幼者出谋划策，幼者听从长者，各尽公心，就自然不会相争。

## | 简注 |

① 簿书：记录财物出纳的簿册。

## | 实践要点 |

兄弟子侄同居，为尊长的或会傲慢专横，为幼小的或会不顺从，同居接触摩擦就多，长久下来必定不和睦。对此，作者还是像上章那样强调，无论长幼都应当各尽本心、各怀公心，这样就不会相争。

# 1.24 兄弟贫富不齐

兄弟子侄贫富厚薄不同，富者既怀独善①之心，又多骄傲；贫者不生自勉之心，又多妒嫉，此所以不和。若富者时分惠其余，不恤其不知恩；贫者知自有定分，不望其必分惠，则亦何争之有！

## | 今译 |

兄弟子侄间贫富有差别，富者既想着只顾自己，又多骄傲；贫者没有生出自强之心，又多嫉妒，这就是不相和睦的原因。如果富者不时给他人分享惠利，不担心他人不知恩图报；贫者知道自己有注定的命分，不奢望富者必定分享惠利，这样又怎么会相争呢！

## | 简注 |

① 独善："独善其身"之省略语，这里指只为自己、只顾自己。

兄弟子侄之间贫富不同，就会容易有比较心，进而生出嫉妒之心，最终就有了争心。对此，作者提出，贫富双方各自退让一步，各自为对方多着想一点。这样就会免于相争。

# 1.25  分析财产贵公当

朝廷立法，于分析一事，非不委曲详悉。然有果是窃众营私，却于典卖契①中称"系妻财置到"，或诡名②置产，官中不能尽行根究。又有果是起于贫寒，不因父祖资产，自能奋立，营置财业；或虽有祖众财产，不因于众，别自殖立私产，其同宗之人必求分析。至于经县、经州、经所在官府，累十数年，各至破荡而后已。若富者能反思，果是因众成私，不分与贫者，于心岂无所慊？果是自置财产，分与贫者，明则为高义，幽则为阴德，又岂不胜如连年争讼，妨废家务，及资备裹粮，与嘱托吏胥，贿赂官员之徒费耶？贫者亦宜自思，彼实窃众，亦由辛苦营运③以至增置，岂可悉分有之？况实彼之私财，而吾欲受之，宁不自愧！苟能知此，则所分虽微，必无争讼之费也。

国家立法，对于分家产这一事并非不是周全详尽，但仍有人明明是从大家里窃取、图谋私利，却在财产典卖契约中称"是妻子陪嫁的私财"，或捏造假名购置产业，官府不能全部彻底追究。又有的人果真是从贫寒中起家，不依靠父亲祖父的资产，自己能奋斗立业，经营置办产业；有的虽然有祖上共有财产，不依靠家众，另外自己挣钱建立私产，而同宗的人却一定要求分割其财产。以至于闹到县、州等各级官府打了几十年官司，各个都耗尽家财才罢手。如果富者能够反想一下，果真是依靠家众而获得私财，不分些给贫者，难道不会于心有愧吗？果真是自己置办的财产，分些给贫者，在明里则是高尚正义之举，在暗里则是积阴德，又岂不是胜过连年争讼，妨碍荒废家业，以及徒然花费很多钱财来准备粮食、嘱托小吏、贿赂官员吗？贫者也应该自己想想，他的确从集体家产中窃取，也是因为辛苦经营才增置了家产，怎么可以将其家产全都分割呢？何况确实是他的私财，而我却想要接受它，难道自己不会羞愧吗？如果能这样，那么即使分到很少，也必定不会有争讼的耗费了。

① 典卖契：证明典卖的契约文书。典卖：旧指活卖。即出卖时约定期限，到期可备价赎回。与此相对的是"绝卖"：将不动产的所有权卖给别人，永远不得赎回。

② 诡名：捏造假名；化名。

③ 营运：经营，这里是经商、做生意。

## | 实践要点 |

家产分割，自古至今都是生活中常见的事，而其中因为涉及亲近的家人和较大的利益，所以常常不容易处理好。作者在这里强调要公正。值得注意的是，这里说的公正，不是表面形式意义上的公正，而是考虑到更深层的情理公正。

# 1.26　同居不必私藏金宝

　　人有兄弟子侄同居，而私财独厚，虑有分析之患者，则买金银之属而深藏之，此为大愚。若以百千金银计之，用以买产，岁收必十千。十余年后，所谓百千者，我已取之，其分与者皆其息也，况百千又有息焉！用以典质<sup>①</sup>营运，三年而其息一倍，则所谓百千者我已取之，其分与者皆其息也，况又三年再倍，不知其多少，何为而藏之箧笥<sup>②</sup>，不假此收息以利众也？余见世人有将私财假于众，使之营家而止取其本者，其家富厚，均及兄弟子侄，绵绵不绝，此善处心之报也。亦有窃盗众财，或寄妻家，或寄内外姻亲之家，终为其人用过，不敢取索，及取索而不得者多矣；亦有作妻家、姻亲之家置产，为其人所掩有者多矣；亦有作妻名置产，身死而妻改嫁，举以自随者亦多矣。凡百君子，幸详鉴此，止须存心。

/

人有兄弟子侄同居一家，而自己私财独独殷实，担心被分割的，于是就购买金银之类而深藏起来，这真是很愚笨。如果以十万金银来算，用来买产业，一年必定收益一万。十余年后，所谓的十万金银，我已经取得，那分割出去的都是利息而已，何况那十万还会产生利息呢！如果用来抵押做生意，三年就有一倍的利息，则所谓的十万金银，我已经取得，那分割出去的都是利息而已，何况再过三年又会翻一倍，赚的不知有多少，何必藏在箱子里，不凭借这来收利息，以有利于家众呢？我见到世人有将其私财借给家众，使其经营家业而只取其本钱的，他自己家富有殷实，又推及兄弟子侄，绵绵不绝，这是存心善良的回报。也有盗窃家众的财物，或寄存在妻子的娘家，或寄存在内外姻亲的家里，最终被那家的人挪用，自己不敢索取或索取不回来的，这种情况也很多。也有作为妻子的娘家或有姻亲的亲戚家的产业来置办，结果被那家的人所占有的，这种情况也很多。也有以妻子的名义置办产业，自己死后而妻子改嫁，把产业也带走的，这种情况也很多。诸位君子，希望好好引以为鉴，要放在心上。

**| 简注 |**

/

① 典质：以物为抵押换钱，可在限期内赎回。
② 箧笥：藏物的竹器。

／

本章也同上章一样，涉及分家产的问题。有的人担心自己私财被分割，就用各种方式私藏起来。最后并没有什么益处，甚或可能引出新的问题，以致连私财都失掉了。作者指出，与其这样私藏，不如拿来做生意，或借给家中其他人做生意，这样还可以有更多收益。总之，在财富面前，私心有偏重，就可能失去财富，公心多一些，反而可能增加收益。

# 1.27　分业不必计较

　　兄弟同居，甲者富厚，常虑为乙所扰。十数年间，或甲破坏，而乙乃增进；或甲亡而其子不能自立，乙反为甲所扰者有矣。兄弟分析，有幸应分人典卖，而己欲执赎，则将所分田产丘丘段段①平分，或以两旁分与应分人，而己分处中，往往应分人未卖而己分先卖，反为应分人执邻取赎者多矣。有诸父俱亡，作诸子均分，而无兄弟者分后独昌，多兄弟者分后浸微者；有多兄弟之人不愿作诸子均分，而兄弟各自昌盛，胜于独据全分者；有以兄弟累众而己累独少，力求分析，而分后浸微，反不若累众之人昌盛如故者；有以分析不平，屡经官求再分，而分到财产随即破坏，反不若被论之人昌盛如故者。世人若知智术不胜天理，必不起争讼之心。

---

**│　今译　│**

　　兄弟同居一家，甲更富有殷实，常常担心为乙所烦扰。十几年间，或者甲破败了，而乙却产业增加了；或者甲亡故而其孩子不能自立，乙反而为甲所烦扰的。兄弟分割家产，有希望兄弟典卖产业，而自己想要拿着契约去赎回的，于是将所要分的田产每块都均分，或将田两边分给兄弟，而自己分得中间的部分，最后往往兄弟没有卖田产，而自己分得的先卖掉，反为兄弟赎回的。有诸叔伯都亡故，家产按照诸儿辈均分，而没兄弟的人分得后独独家业昌隆，多兄弟的人分得后却逐渐衰微的；有多兄弟的人不愿按照诸儿辈均分而兄弟仍各各家业昌盛，胜过没兄弟之人独自据有一大份遗产的；有认为兄弟拖家带口而自己拖累少，力求分割家产，而分割后自己逐渐衰微，反而不如拖家带口之人一如既往地昌盛的；有认为家产分割不公平，屡屡通过官司寻求再次分割，而分到财产后随即破荡耗掉，反而不如被告之人一如既往地昌盛的。世人如果知道人的智力巧术不能胜过天理，就必定不会起争讼的心思了。

## | 简注 |

① 丘：丈量土地面积的单位，指用田塍隔开的水田。段段：片片。丘丘段段：这里指一块一块的田地。

## | 实践要点 |

兄弟无论同居还是分家，年岁久了之后，总会显出有贫有富的差别。但是，兄弟虽分家，依然有手足情。相互之间，产生计较争执，无非还是出于前面所说的私心而已。

# 1.28　兄弟当分宜早定①

兄弟义居②，固世之美事。然其间有一人早亡，诸父与子侄其爱稍疏，其心未必均齐。为长而欺瞒其幼者有之，为幼而悖慢其长者有之。顾见义居而交争者，其相疾有甚于路人。前日之美事，乃甚不美矣。故兄弟当分，宜早有所定。兄弟相爱，虽异居异财，亦不害为孝义。一有交争，则孝义何在？

## | 今译 |

兄弟世代同居，固然是世间之美事。但是其中如有一人早亡，诸叔伯与子侄之间的亲爱稍稍疏远，内心未必能保持平均齐一。长者欺凌瞒骗幼者的也有，幼者悖逆怠慢长者的也有。看到世代同居而相争的，相互忌恨胜过于路人，此前之美事，反而变得甚为不美了。所以兄弟应该分家的，应该早早确定。兄弟相爱，即使居所财产分开，也不妨碍有孝义。相反，如果不及时分家，一旦相争起来，那又有什么孝义可谈呢？

① 兄弟当分宜早定：知不足斋本原标题作"兄弟贵相爱"。本章主旨在于兄弟当分家时，宜早有所定，这样并不会损害兄弟相爱之情谊。

② 义居：古时指孝义之家世代同居。

## | 实践要点 |

本章作者提出一个非常合乎情理而又务实有效的建议。兄弟世代同居，数世同堂，固然是美事。但人多事杂摩擦多，想要保持融洽势必越来越困难，有时事情反而适得其反。因此，作者建议：兄弟该分家时就分家。诚如其所说："兄弟相爱，虽异居异财，亦不害为孝义。"异居异财，仍然可以相互关爱、相互帮助，这样未必不是更好的选择。

# 1.29　众事宜各尽心

兄弟子侄有同门异户而居者，于众事宜各尽心，不可令小儿、婢仆有扰于众。虽是细微，皆起争之渐。且众之庭宇，一人勤于扫洒，一人全不之顾，勤扫洒者已不能平，况不之顾者又纵其小儿婢仆，常常狼藉，且不容他人禁止，则怒詈失欢多起于此。

| 今译 |

兄弟子侄有同门不同户而居住在一块的，对于诸事应该各自尽心，不可让小孩、婢仆烦扰家众。哪怕是细微小事，都可能引发争端。且如大家的庭院，一人勤力打扫，一人却全然不顾，勤力打扫者心已不能平，何况那全然不顾者又放纵自己的小孩婢仆，常常弄得满地狼藉，而且还不容许别人禁止，愤怒詈骂失和的情况大多就由此而起。

兄弟同住在一个大院的不同户里，因而有重叠的生活场所，也就容易有些摩擦争端，虽是小事，也要注意。

# 1.30 同居相处贵宽

同居之人有不贤者，非理以相扰，若间或一再，尚可与辩。至于百无一是，且朝夕以此相临，极为难处。同乡及同官亦或有此。当宽其怀抱，以无可奈何处之。

## 今译

同居一家的人，有不贤良者无理来烦扰，如果一次两次，还可以跟他据理而辩。如果他全无是处，而且老是以此相待，那真是极其难以相处。同乡或同官之间，也有这种情况。对此应当放宽心胸，把这当作无可奈何的事来处理。

## 实践要点

同居、同乡或同事之间，都有共同的生活场所或工作环境。其中如果有不贤良之人常来扰乱，会让自己非常难处。人生不如意事十之八九，有时候要认真对待，有时候则真的要放宽胸怀，不要太放在心上。

# 1.31 友爱弟侄

父之兄弟谓之伯父、叔父，其妻谓之伯母、叔母，服制①减于父母一等者，盖谓其抚字教育有父母之道，与亲父母不相远。而兄弟之子谓之犹子②，亦谓其奉承报孝，有子之道，与亲子不相远。故幼而无父母者，苟有伯叔父母，则不至无所养；老而无子孙者，苟有犹子，则不至于无所归。此圣王制礼立法之本意。今人或不然，自爱其子，而不顾兄弟之子；又有因其无父母，欲兼其财，百端以扰害之，何以责其犹子之孝？故犹子亦视其伯叔父母如仇雠矣！

| 今译 |

父亲的兄弟，叫做伯父、叔父，伯父叔父的妻子，叫做伯母、叔母。给他们服丧，服制比父母减一等，这是因为他们对自己的抚养教育有父母之道，与亲父母相差不远。而兄弟的孩子叫做"犹子"，也是说他们奉承孝顺自己，有子之道，与亲生子相差不远。所以幼小而无父母的，如果有伯叔父母，就不至于没人抚

养；年老而无子孙的，如果有犹子，就不至于老无所依。这是圣王制礼立法的本意。今人有的则不这样，只爱自己的孩子，而不照顾兄弟的孩子；又有因其父母亡故，想要兼并其财产，多端烦扰伤害犹子的，自己这样做，又怎能要求犹子来孝顺自己呢？所以犹子也将其伯叔父母看成像仇敌一样了！

## ┃ 简注 ┃

／

① 服制：古时的丧服制度，以亲疏为差等，有斩衰、齐衰、大功、小功、缌麻五种名称，统称"五服"。按《仪礼·丧服》，子为父斩衰三年，父在，为母齐衰杖期，父卒，为母齐衰三年（宋代时为母服齐衰三年）；为伯叔父母服期一年，不执杖，亦称"不杖期"。所以说伯叔父母的服制比父母减一等。

② 犹子：指兄弟之子，侄子。语出《礼记·檀弓上》："丧服，兄弟之子，犹子也，盖引而进之也。"本指丧服而言，谓为己之子服期一年，兄弟之子亦服期一年。后因称兄弟之子为犹子。

## ┃ 实践要点 ┃

／

古时候将兄弟的孩子，也叫做"犹子"。作者由这个名称，引出一个耐人寻味的道理。兄弟的孩子和自己之间，在某种意义上可谓是一种次父子的关系。兄弟的孩子，在某个意义上就像自己的孩子，也应多加关爱照顾。这既避免兄弟的孩子幼无所养，也避免将来的自己老无所依。

# 1.32　和兄弟教子善

人有数子，无所不爱，而于兄弟则相视如仇雠。往往其子因父之意，遂不礼于伯父、叔父者，殊不知己之兄弟即父之诸子，己之诸子即他日之兄弟。我于兄弟不和，则己之诸子更相视效，能禁其不乖戾否？子不礼于伯叔父，则不孝于父，亦其渐也。故欲吾之诸子和同，须以吾之处兄弟者示之；欲吾子之孝于己，须以其善事伯叔父者先之。

## ┃ 今译 ┃

人有几个孩子，个个都爱，而对于兄弟则相视如仇敌。往往其孩子由于父亲之意，就对伯父、叔父不礼貌，殊不知自己的兄弟就是父亲的众子，自己的众子就是日后的兄弟。我和兄弟不相和睦，那么我的众子转相效仿，能禁止他们不乖戾吗？孩子对伯父叔父不礼貌，那渐渐也会对父亲不孝顺。所以想要我自己的众子和睦同心，需要以我对待自己兄弟的样子作为示范。想要我的孩子对自己孝顺，需要先让他们善待伯父叔父。

本章点出现实生活中并非罕见的一个现象：有的人深爱自己的几个孩子，却并不友爱自己的兄弟。作者从榜样教化的立场指出其中的弊病，最终给出一个善意的建议：想要自己的几个孩子和睦同心，那么自己和兄弟之间就要先示范同心；想要自己的孩子孝顺自己，就要先让他们孝顺伯父叔父。

# 1.33 背后之言不可听

凡人之家，有子弟及妇女好传递言语，则虽圣贤同居，亦不能不争。且人之作事不能皆是，不能皆合他人之意，宁免其背后评议？背后之言，人不传递，则彼不闻知，宁有忿争？惟此言彼闻，有积成怨恨；况两递其言，又从而增易之，两家之怨至于牢不可解。惟高明之人有言不听，则此辈自不能离间其所亲。

| 今译 |

大凡人的家庭里有子弟及妇女喜欢传言议论的，哪怕是圣贤同居一家，也不可能没有纷争。而且人做事不可能都正确，不可能都合他人的心意，怎么能避免他人背后评议呢？背后的言语，他人不传递，则被谈论的人听不到，怎么会有忿怒相争？只是因为这边谈论，那边又听到，就会积聚而成怨恨。何况言语在传递过程中又会增添改换，以至于两家的怨恨牢不可解。唯独高明之人有闲话也不听，那么这些人自然不能离间其所亲爱的人。

此下几章聚焦家庭中的言语。本章先讲家庭之间的传言议论。有些家庭的子弟和妇女喜欢嚼舌，品头论足，流言蜚语，添油加醋，家庭之间的怨隙就由此而生。而想要禁止别人嚼舌，是很难的，所以作者建议：别人爱说，就说去吧。只要自己行得正，不管别人怎么说，自己都不去听，那就不会遭到离间，也不会产生怨恨。这里解决问题的思路，还是从自己做起。

# 1.34 同居不可相讥议

同居之人或相往来，须扬声曳履，使人知之，不可默造。虑其适议及我，则彼此愧惭，进退不可。况其间有不晓事之人，好伏于幽暗之处，以伺人之言语。此生事兴争之端，岂可久与同居！然人之居处，不可谓僻静无人，而辄讥议人，必虑或有闻之者。俗谓："墙壁有耳。"又曰："日不可说人，夜不可说鬼。"

| 今译 |

同居之人或有相互往来的，需要提高声调、拖着鞋子以让人知道，不可无声无息就到了人家那里。担心人家刚好议论到我，那就彼此惭愧，进退不可了。更别说其间有不懂事的人，喜欢伏藏在幽暗之处，偷听别人的言语。此乃惹是非起争斗的开端，怎能与之长久同居呢！当然，反过来看，人在平时居处时，不可以为僻静没人，就动辄讥讽议论他人，一定要想着或许会有听到的人。正如俗话所说："隔墙有耳。"又说："白天不可谈论人，夜里不可谈论鬼。"

本章接着谈论同居之人的言语问题。有人认为中国古代不注重个人隐私问题。实际上，古人也很注重这个问题，并且将其视为礼节规范的基本问题，从小就加以培养。《礼记·曲礼》有很多类似"小学生行为守则"的记载，其中就说到："将上堂，声必扬。户外有二屦，言闻则入，言不闻则不入。"本章也是基于这种精神而谈到，人人都有自己的隐私，要学会尊重。哪怕对方恰好在议论自己，自己也不应该偷听，以免相互惭愧。同时，作者又反过来提及，别人固然不能偷听，而自己也不应私下随意讥讽议论别人。

# 1.35　妇女之言寡恩义

　　人家不和，多因妇女以言激怒其夫及同辈。盖妇女所见不广不远，不公不平；又其所谓舅姑、伯叔、姒娣皆假合，强为之称呼，非自然天属，故轻于割恩，易于修怨。非丈夫有远识，则为其役而不自觉，一家之中乖变生矣。于是有亲兄弟子侄，隔屋连墙，至死不相往来者；有无子而不肯以犹子为后，有多子而不以与其兄弟者；有不恤兄弟之贫，养亲必欲如一，宁弃亲而不顾者；有不恤兄弟之贫，葬亲必欲均费，宁留丧而不葬者。其事多端，不可概述。亦尝见有远识之人，知妇女之不可谏诲，而外与兄弟相爱，常不失欢，私救其所急，私赒其所乏，不使妇女知之。彼兄弟之贫者，虽深怨其妇女，而重爱其兄弟，至于当分析之际，不敢以贫故，而贪爱其兄弟之财产者。盖由见识高远之人，不听妇女之言，而先施之厚，因以得兄弟之心也。

人的家庭不相和睦，多是由于妇女以言语激怒其丈夫及同辈。因为妇女的见识不广远，不公正；而且其所谓公婆、伯叔、妯娌都是假借丈夫而合成，勉强对其称呼，并非自然天性相连。所以轻易就会断恩、结怨。若非丈夫有远见，就会为其所牵引役使而不自觉，一家之中就生出乖戾事变来了。于是有亲兄弟子侄，隔壁邻舍，却到死都不相往来的；有没儿子而不肯以侄子为后的，有儿子多却不肯过继给其兄弟的；有不体恤兄弟的贫困，赡养父母一定要平分，否则宁愿抛弃双亲而不顾惜的；有不体恤兄弟的贫困，为父母办理丧葬一定要平摊费用，否则宁愿留丧而不下葬的。这类事情多种多样，不可概述。我也曾见有远识的人，知道妇女不可规劝教诲，在外跟兄弟相亲爱而不失和，私下给兄弟救急，私下接济兄弟之所缺乏，而不让妇女知道。那贫困的兄弟，虽非常怨恨其媳妇，然而敬重亲爱自己的兄弟，以至于在应当分家产时，不敢因为贫困的缘故而贪恋兄弟的财产。这是由于见识高远之人不听妇人之言，而先厚施恩惠，因此而得到兄弟的心。

本章集中谈论家庭妇女的言语问题。古时，有的妇女喜欢嚼舌，而且对家庭成员也用言语相激，这是家庭不和、兄弟不睦的重要根源之一。作者细细列举其中的各种不良后果，并指出：如果妇人多言语少见识，有远见的人不应听从，而应该私下多周济兄弟。古时候，妇女受教育机会少，视野见识都受限制；今天，女性有受教育的机会，视野见识自然不同，甚至有高过男性的。但无论男女，都要避免对家庭成员恶语相加。遇到这类见识短浅的言语，也不应当听从。

# 1.36　婢仆之言多间斗

妇女之易生言语者，又多出于婢妾之间斗。婢妾愚贱，尤无见识，以言他人之短失为忠于主母①。若妇女有见识，能一切勿听，则虚佞之言不复敢进。若听之信之，从而爱之，则必再言之，又言之，使主母与人遂成深仇，为婢妾者方洋洋得志。非特婢妾为然，奴隶亦多如此。若主翁听信，则房族、亲戚、故旧皆大失欢，而善良之仆佃，皆翻致诛责矣。

## 今译

妇女有容易生出言语搬弄是非的，又多是出于婢妾之离间争斗。婢妾愚笨卑贱，尤其没有见识，把说他人的短处过失当作是忠于女主人。如果妇女有见识，能一切不听，婢妾就不敢再进呈虚假巧佞之言。如果听信了，进而喜爱他们，则婢妾必定一而再、再而三地说这类话，使得女主人与人结成深仇，做婢妾的才洋洋得意。不只是婢妾这样，奴隶也多是如此。若主人听信了，就会与同房同族、内亲外戚和故旧朋友大相失和，而善良的仆人佃农，都反而招致主人的责备了。

① 主母：婢妾、仆役对女主人之称。

## | 实践要点 |

／

本章聚焦婢仆的言语问题。其思路是接着上章，进一步探讨妇女喜欢搬弄是非的一个重要原因，正在于家庭中的婢妾仆人喜欢搬弄是非。

# 1.37  亲戚不宜频假贷

房族、亲戚、邻居，其贫者才有所阙，必请假焉。虽米、盐、酒、醋计钱不多，然朝夕频频，令人厌烦。如假借衣服、器用，既为损污，又因以质钱①。借之者历历在心，日望其偿；其借者非惟不偿，又行行常自若，且语人曰："我未尝有纤毫假贷于他。"此言一达，岂不招怨怒？

| 今译 |

同房同族、内亲外戚、左邻右舍中的贫困者，稍有所缺，必定会请求借用。虽然米、盐、酒、醋价钱不高，然早晚频频来借，让人厌烦。如借用衣服、器具，既已被弄脏损坏，又拿去典当换钱。出借的人心里老惦记着，天天巴望着对方偿还；借到的人不但不偿还，还常常泰然自若，而且跟人说："我未曾跟他借贷过一丁点东西。"这个话一旦到了出借的人这里，难道不会招致抱怨愤怒？

/

① 质钱：典钱，典当东西以换取钱。

## | 实践要点 |

/

此下两章谈论亲戚邻里故旧之间借钱借物、周济救助的问题。本章讨论亲戚
邻里之间，因频繁借用钱物而导致的问题。作者并未明确给出建议，但是从其谈
论的语气姿态来看，确实认为不应该频繁地跟亲戚邻里发生借贷的关系。

# 1.38　亲旧贫者随力周济

应亲戚故旧有所假贷，不若随力给与之。言借，则我望其还，不免有所索。索之既频，而负偿冤主反怒曰："我欲偿之，以其不当频索，则姑已之。"方其不索，则又曰："彼不下气问我，我何为而强还之？"故索亦不偿，不索亦不偿，终于交怨而后已。盖贫人之假贷，初无肯偿之意；纵有肯偿之意，亦由何得偿？或假贷作经营，又多以命穷计绌而折阅<sup>①</sup>。方其始借之时，礼甚恭，言甚逊，其感恩之心可指日以为誓。至他日责偿之时，恨不以兵刃相加。凡亲戚故旧，因财成怨者多矣。俗谓："不孝怨父母，欠债怨财主。"不若念其贫，随吾力之厚薄，举以与之。则我无责偿之念，彼亦无怨于我。

---

| 今译 |

碰到亲戚故旧要借贷财物，不如尽力赠予他。说借，那么我希望他还，不免会去要。要的次数多了，而负债的人反而发怒说："我本来想还给他，但他不

该频频来索取的，那么我也姑且留着不给他吧。"如果对方不索取，负债的人又会说："他又不来问我，我为什么硬要还给他？"因此，索取也不偿还，不索取也不偿还，直到最后结下怨恨。因为贫困之人的借贷，本无愿意偿还的意思，纵使有愿意偿还的意思，又怎么有能力偿还呢？或有借贷来做生意的，又多因运气不好、计谋拙劣而减价出售商品（以致亏本）。在他初来借贷时，礼节甚为恭敬，语言甚为谦逊，其感恩的心之真诚可以对天发誓。等到日后要求偿还时，他就恨不得跟你动刀动枪。大凡亲戚故旧由于钱财而构怨的，这种情况多的是。俗话说："不孝顺的人反而会怨父母，欠债的人反而会怨债主。"不如顾念到他的贫困，随自己力之大小，拿出来赠予他。这样我没有责求偿还的念想，他也不会有怨于我。

| **简注** |

① 折阅：指商品减价销售。

| **实践要点** |

本章接着上章，进一步给出积极而现实的解决方案：与其出借钱物给亲戚故旧，不如适时地随力救济他们。这样看似有所损失，实则会减少更多麻烦，包括物质上和心理上的麻烦。

# 1.39　子弟常宜关防

　　子孙有过，为父祖者多不自知，贵官尤甚。盖子孙有过，多掩蔽父祖之耳目。外人知之，窃笑而已，不使其父祖知之。至于乡曲贵宦，人之进见有时，称道盛德之不暇，岂敢言其子孙之非！况又自以子孙为贤，而以人言为诬。故子孙有弥天之过，而父祖不知也。间有家训稍严，而母氏犹有庇其子之恶，不使其父知之。富家之子孙不肖，不过耽酒、好色、赌博、近小人，破家之事而已。贵宦之子孙不止此也。其居乡也，强索人之酒食，强贷人之钱财，强借人之物而不还，强买人之物而不偿；亲近群小，则使之假势以陵人；侵害善良，则多致饰词以妄讼；乡人有曲理犯法事，认为己事，名曰"担当"；乡人有争论，则伪作父祖之简，干恳州县，求以曲为直；差夫借船，放税免罪，以其所得为酒色之娱。殆非一端也。其随侍也，私令市买<sup>①</sup>买物，私令吏人<sup>②</sup>买物，私托场务<sup>③</sup>买物，皆不偿其直；吏人补名，吏人免罪，吏人有优润，皆必责其报；典买婢妾，限以低价，而使他人填赔<sup>④</sup>；或同院子⑤游狎，或干场务放税。其他妄有求觅，亦非一端，不恤误其父祖陷于刑辟也。凡为人父祖者，宜知此事，常关防⑥，更常询访，或庶几焉。

| 今译 |

子孙有过失，做父亲祖父的多不知道，做显贵官员的尤其如此。大抵子孙有过失，多是掩蔽父亲祖父的耳目不让他们知道。外人虽知道，不过窃笑而已，也不让其父亲祖父知道。至于乡里的贵官显宦，别人有时进见，称道贵官之盛德都来不及，哪里敢说起子孙的不是呢！况且这些贵官又自以子孙为贤良，而以别人的话为污蔑，因此子孙有弥天之大过失而父亲祖父却不知道。间或有家规稍微严格的，而仍然有母亲庇护其孩子的罪恶，不让其父亲知道。富家的子孙不肖，不过是好酒、好色、好赌、亲近群小，破败家产而已。贵官显宦的子孙则不止这样。他们平时在家乡，强迫索取别人的酒食，强迫借贷别人的钱财，强迫借取别人的东西而不还，强迫购买别人的东西而不给钱；亲近群小，就会让他们仗势欺人；侵犯伤害善良之人，就会多方修饰言辞来妄兴官司；乡人有歪曲道理、触犯法律之事，就冒认为自己的事，把这称作"担当"；乡人有争论的，就伪造父亲祖父的信件，干求州县长官，颠倒是非黑白；派遣差役，借用民船，免除税款，免除罪犯，以其所得钱财来作酒色之娱乐。这些不是一两件事。他们随从侍奉父

亲祖父各地在任，就私下让市买购买物品，私下让小吏购买物品，私下托场务机构人员购买物品，而不给钱；小吏要补名，小吏要免罪，小吏有盈余，都必定责求其报偿；典买婢妾，以低价限制，而使他人代为付钱；或和仆役到处游玩亲昵，或干涉场务机构之事，免除税款。其他妄有所求之事，也不是一件两件，毫不担忧误使其父亲祖父陷于牢狱刑罚。凡是为人父亲祖父的，应当知道这种事，常常警惕防备着，更常常征询查访，这样或许就勉强不会让子孙铸成大错。

## ｜ 简注 ｜

①市买：管理市场买卖的人。

②吏人：指官府中的胥吏或差役。

③场务：五代、宋时盐铁等专卖管理机构。生产和专卖盐铁的机构为场，税收机构为务。这里指在这些机构工作的人员。

④填赔：即赔偿。底本原作"填陪"，今据知不足斋本而改。

⑤院子：这里指仆役。旧时称仆役为"院子"。

⑥关防：防备，防守，警备。

## ｜ 实践要点 ｜

本章讨论对子孙过失的防范。对于子孙来说，富与贵是一把双刃剑，既可以有助于培养子孙，也可能成为子孙堕落的助缘。其中，权贵的负面力量会更大。

用今天的话来说，"官二代"经历的考验诱惑要比"富二代"更大：富人子孙如果不肖，不过是酒色赌博，破败家产而已；权贵子孙如果不肖，则可能让父亲祖父身陷囹圄，不得翻身。这里提出的问题，值得深思。

# 1.40　子弟贪缪勿使仕宦

子弟有愚缪贪污者，自不可使之仕宦。古人谓："治狱多阴德，子孙当有兴者。"谓利人而人不知所自，则得福。今其愚缪，必以狱讼事悉委胥辈，改易事情，庇恶陷善，岂不与阴德相反！古人又谓："我多阴谋，道家所忌。"谓害人而人不知所自，则得祸。今其贪污，必与胥辈同谋，货鬻①公事，以曲为直，人受其冤，无所告诉，岂不谓之阴谋！士大夫试历数乡曲三十年前宦族，今能自存者仅有几家？皆前事所致也。有远识者必信此言。

## ｜ 今译 ｜

子弟中有愚笨贪利的，自然不能让他入仕做官。古人说："治理狱讼案件多积阴德，后世子孙当会有兴起昌盛的。"说的是做利他人之事而他人不知是谁做的，则自己会得福佑。现在子弟如果愚笨，必定会将狱讼之事全都委托给胥吏下属，致使歪曲事实，庇护恶人，陷害忠良，这岂不是跟"阴德"相反了！古人又说："我多积阴谋诡计，此乃天道之所忌。"说的是损害他人而他人不知是谁做的，则自己会得祸害。现在子弟如果贪利，必定会跟胥吏下属同谋合污，假公济私，颠倒是非，他人遭受其冤屈而无处可诉讼，这岂不叫做"阴谋"! 士大夫尝试考察一下乡里几个三十年前的官宦人家，能存到现在的还剩下几家？这些都是之前做的阴谋之事所导致的。有远见的人必定相信这里说的话。

## 简注

① 货鬻（yù）：出卖，出售。货鬻公事：指假公济私、徇私枉法。

## 实践要点

本章接着上章，进一步谈到子弟为官的问题。做父亲、祖父的，自然希望为子弟谋个好前程、好工作。尤其在古时候，出仕为官是正途。但工作也要视人性情而定，如果子弟愚笨贪婪，做官可能反而害了他们。作者殷切的告诫，可谓苦口婆心。

# 1.41 家业兴替系子弟

同居父兄子弟，善恶贤否相半。若顽很①刻薄、不惜家业之人先死，则其家兴盛，未易量也；若慈善、长厚、勤谨之人先死，则其家不可救矣。谚云："莫言家未成，成家子未生；莫言家未破，破家子未大。"亦此意也。

## | 今译 |

同居一家的父兄子弟，善良的和邪恶的、贤能的和不肖的相参半。如果凶恶刻薄、不爱惜家业的人先死，那么其家庭兴隆昌盛前途不可量；如果仁慈、善良、忠厚、勤奋、谨慎的人先死，那么其家就不可救药了。谚语说："莫说家庭没兴盛，只是让家庭兴盛的孩子还没出生而已；莫说家庭没破败，只是败家子还没长大而已。"也是这个意思。

① 顽很：凶恶而暴戾。

本章讨论家业继承的兴衰问题。无论是"成家子"和"败家子"，都是从长远来看。言下之意，其中的关键，在于对性情才智的教育培养。

# 1.42　养子长幼异宜

> 贫者养他人之子，当于幼时。盖贫者无田宅可养，暮年惟望其子反哺，不可不自其幼时，衣食抚养，以结其心。富者养他人之子，当于既长之时。今世之富人养他人之子，多以为讳，故欲及其无知之时抚养，或养所出至微之人。长而不肖，恐其破家，方议逐去，致有争讼。若取于既长之时，其贤否可以粗见，苟能温淳守己，必能事所养如所生，且不致破家，亦不致兴讼也。

贫困者领养他人的儿子，应当在他还幼小时。因为贫困者没有田地、住宅可以养老，暮年唯有盼望儿子能够反哺赡养，这就不可不从他幼小时就供他吃穿抚养他，以交结他的心。富人领养他人的儿子，应该在他已经长大后。现在世间富人领养他人的儿子，大多都以为讳，所以想在他幼小无知的时候领养，或领养那些至为微贱家庭的儿子。等到长大了却不肖，担心他破败家业，才商议要逐出他，以致出现争讼之事。如果在他已经长大后领取过来，他是贤良还是不肖可以大概看出，如果能温厚淳朴、安分守己，必定能将养父母当作亲生父母来侍奉，而且不致破败家业，也不致兴起诉讼之事。

## | 实践要点 |

此下几章多讨论跟孩子领养和送养的问题。本章论及，不同的人家，领养孩子的长幼时机有所不同：贫困者应该领养幼子，富人应该领养较大的孩子。其中的分析非常辩证而又合乎现实，可谓具体问题具体分析的典范，值得深深体味。

# 1.43　子多不可轻与人

多子固为人之患，不可以多子之故轻以与人。须俟其稍长，见其温淳守己，举以与人，两家获福。如在襁褓，即以与人，万一不肖，既破他家，必求归宗，往往兴讼，又破我家，则两家受其祸矣。

## | 今译 |

儿子众多固然是人之所忧患，但也不能因为儿子多的缘故，而轻易送给别人。需要等他稍大一点，看他温厚淳朴、安分守己，再把他送给别人，这样两家都受福。如果还在襁褓之中，就将他送给别人，万一他长大了不肖，既已破败了别人的家业，必定希求认祖归宗，往往会兴起争讼之事，又来破败我的家业，这样两家就都受其祸害了。

## | 实践要点 |

本章讨论送养孩子的问题。孩子多的家庭，生活不容易，但也不能轻易送人，不然有可能给两家人造成祸患。其中所谈，也体现出作者深厚的阅历见闻。

# 1.44　养异姓子有碍

养异姓之子，非惟祖先神灵不歆其祀[①]，数世之后，必与同姓通婚姻者，律禁甚严，人多冒之，至启争讼。设或人不之告，官不之治，岂可不思理之所在？江西养子，不去其所生之姓，而以所养之姓冠于其上，若复姓者，虽于经律无见，亦知恶其无别如此。

## ┃　今译　┃

领养异姓的儿子，不仅祖先神灵不享用他的祭祀品，几代之后，必定还可能跟本来同姓之人通婚姻。关于禁止同姓通婚的法律禁令非常严厉，世人多触犯，以至于兴起争讼之事。假使别人不告发，官府不惩治，又怎么不想想天理所在？江西养子，不将养子生父的姓去掉，而是将养父的姓加在其上面，就好像是复姓一样，虽然法律没有这样规定，也知道这是厌恶领养异姓子而不加区别的现象。

## 简注

① 祖先神灵不歆其祀：指祖先神灵不会享用异姓之人的祭祀品。按《春秋左传》僖公十年载："神不歆非类，民不祀非族。"僖公三十一年载："鬼神非其族类，不歆其祀。"只有同一族类、同一血脉的后代子孙，祖先神灵才会享用其祭品。

## 实践要点

本章讨论养异姓子的问题。作者从两个角度来考察这个问题：一是祖先祭祀，领养异姓子有悖于祭祀的原理；二是同姓不婚的人伦和法律规范，领养异姓子有可能触犯这条法令。当然，今天的社会，对这两方面的顾虑已经比较少。但是传统考虑问题的思路方式，仍然值得重视。

# 1.45  立嗣择昭穆相顺

同姓之子，昭穆①不顺，亦不可以为后。鸿雁微物，犹不乱行，人乃不然！至于叔拜侄，于理安乎？况启争端！设不得已，养弟养侄孙以奉祭祀，惟当抚之如子，以其财产与之。受所养者，奉所养如父，如古人为嫂制服，如今世为祖承重②之意，而昭穆不乱，亦无害也。

---

| **今译** |

/

同姓之子，如果昭穆辈分不顺，也不可以作为后代。鸿雁这种微小的生命，都不打乱排行，人却能够这样乱了辈分排行吗！以至于出现叔父拜侄子的情况，这于理能安吗？何况还由此而起争端！假使迫不得已，那就抚养弟弟，养侄子、孙子来供奉祭祀，只是应当像儿子一样抚养他，把财产传给他。接受养育的人也像父亲一样侍奉养育自己的人，就像古人为嫂子制定的丧服服制一样，就像现在世上为祖先继承香火的意思，而昭穆辈分不乱，这也无妨。

① 昭穆：古代宗法制度宗庙中神主的排列次序，始祖居中，以下父子（祖、父）递为昭穆，左为昭，右为穆。这里指宗族内的辈分次序。

② 承重：指承受宗庙与丧祭的重任。封建宗法制度，其人及父俱为嫡长，而父先死，则祖父母丧亡时，其人称承重孙。如祖父及父均先死，在曾祖父母丧亡时，称承重曾孙。遇有这类丧事都称承重。

| 实践要点 |

/

本章接着上章，讨论立嗣和承重的问题。作者坚持立嗣不能乱了辈分，避免出现叔父拜侄子这样的荒谬情形。小小的动物都讲究辈分秩序，人怎么能不如动物呢？

# 1.46　庶孽遗腹宜早辨

别宅子<sup>①</sup>、遗腹子宜及早收养教训，免致身后论讼。或已习为愚下之人，方欲归宗，尤难处也。女亦然，或与杂滥之人通私，或婢妾因他事逐去，皆不可不于生前早有辨明。恐身后有求归宗，而暗昧不明，子孙被其害者。

### 今译

私生子、遗腹子应该趁早收养教导，免得导致身后诉讼。若是已经变成愚顽低下之人，才想要认祖归宗，这尤其难以处理。女性也一样，或是跟繁杂人等私通，或是婢妾因为别的事被逐出家门，都不可不在生前早早辨析明白，恐怕其在自己身后又寻求认祖归宗，而真相暗昧不明，以致子孙受其祸害。

### 简注

① 别宅子：不与父亲及其亲属同居、同户籍的儿子，类似今天说的"私生子"。

本章讨论遗腹子等有关后代的特殊情况，其背后涉及的是家产分配和祖先祭祀的问题。

# 1.47 三代不可借人用

世有养孤遗子者，及长，使为僧、道，乃从其姓，用其三代；有族人出家，而借用有荫人三代。此虽无甚利害，然有还俗求归宗者，官以文书为验，则不可断以为非。此不可不防微也。

## 今译

世上有抚养无父母的孤儿的，等到长大，让他做和尚、道士，就随从自己的姓氏，用自己的三代世系。有同族人出家而借用有荫人三代的，这虽然没什么大的利害关系，但是有的人要还俗归宗，官府根据文书来查验，就不能断定这样做不对。这也不可不防微杜渐。

## 实践要点

本章讨论三代世系不可借给别人用的问题，指出应当考虑长远、防微杜渐，以免因做好事而带来麻烦。

# 1.48　收养义子当绝争端

贤德之人见族人及外亲子弟之贫，多收于其家，衣食教抚如己子。而薄俗乃有贪其财产，于其身后，强欲承重，以为"某人尝以我为嗣矣"。故高义之事，使人病于难行。惟当于平昔别其居处，明其名称。若己嗣未立，或他人之子弟，年居己子之长，尤不可不明嫌疑于平昔也。娶妻而有前夫之子，接脚夫①而有前妻之子，欲抚养不欲抚养，尤不可不早定，以息他日之争。同入门及不同入门，同居及不同居，当质之于众，明之于官，以绝争端。若义子有劳于家，亦宜早有所酬；义兄弟有劳有恩，亦宜割财产与之，不可拘文而尽废恩义也。

## ┃　今译　┃

贤良有德之人看到族人以及外亲子弟贫困的，常常收养在家里，给予衣食教养像对待自己的孩子一样。而风俗轻薄，以致有收养的义子贪其财产，在其身后，硬要继承香火和家产，认为"某人曾以我为嗣子"。所以高尚正义之事，让人担心难以施行。唯有在平日分开义子的住处，明辨其名分。如果自己的后嗣没有立，或义子比自己的孩子年长，尤其不可不在平日里明辨其中的模糊疑惑。娶妻如果有前夫之子，接脚夫如果有前妻之子，想抚养或不想抚养，尤其不可不早确定，以平息日后的争端。一同入门以及不一同入门，同居以及不同居，都应该当众辨别，向官府说明，以断绝争端。如果收养的义子有功劳于家业，也应该趁早给予报酬；义兄弟有功劳有恩情，也应该分割财产给他，不可拘泥于成法而全废了恩义。

| 简注 |

/

① 接脚夫：旧指夫死后妇女在家再招之夫。

| 实践要点 |

/

本章讨论收养义子的问题，其中依旧体现出作者虑事周到、细心指点的风格。"高义之事使人病于难行"，由此可见，做事不应当只注重动机，还要虑及现实的可行方法。

# 1.49　孤女财产随嫁分给

孤女<sup>①</sup>有分，必随力厚嫁，合得田产，必依条分给。若吝于目前，必致嫁后有所陈诉。

## ｜　今译　｜

孤女如果分有家产，一定要在其出嫁时按照家力拿出丰厚嫁妆，应得的田产，也要依据条款分给她。如果眼下吝惜不给，必定导致出嫁后有所申诉争讼。

## ｜　简注　｜

① 孤女：少年丧父或父母双亡的女子。

## ｜　实践要点　｜

本章讨论孤女分财的问题。作者的建议，固然是为避免争讼，减少家庭和社会麻烦，但同时非常合乎人情。

# 1.50 孤女宜早议亲

> 寡妇再嫁，或有孤女，年未及嫁。如内外亲姻有高义者，宁若与之议亲，使鞠养于舅姑之家，俟其长而成亲。若随母而归义父之家，则嫌疑之间，多不自明。

## 今译

寡妇再出嫁，可能有孤女年幼未及出嫁。族内族外的亲戚中如果有高尚正义之人，不如给她议定婚事，让舅姑家里抚养她，等到她长大了就成亲。如果随母亲到义父家里，那么嫌忌猜疑之间，往往难以明辨。

## 实践要点

本章继续讨论孤女的问题。其中的思路仍然是，处理事情应当顾及后果，尽量避免不好的事情发生。

# 1.51　再娶宜择贤妇

中年以后丧妻，乃人之大不幸。幼子稚女，无与之抚存；饮食衣服，凡闺门之事，无与之料理，则难于不娶。娶在室①之人，则少艾②之心，非中年以后之人所能御。娶寡居之人，或是不能安其室者，亦不易制。兼有前夫之子，不能忘情，或有亲生之子，岂免二心！故中年再娶为尤难。然妇人贤淑自守、和睦如一者，不为无人，特难值耳。

## ｜　今译　｜

中年以后妻子丧亡，乃是人生之大不幸。幼小的儿女没有人抚养，饮食衣服这些家庭之事没有人来料理，这就很难不续娶。如果娶未婚女子，那么少女之心不是中年以后的男人所能驾驭的。如果娶寡妇，又恐或不能安于新的家室，也不容易管束。况且寡妇还有前夫之子，不能忘怀于心，如果有了亲生之子，岂能免于二心！所以中年再娶尤其难办。当然，妇人德性佳美、贞正自守、和睦专一的，并非没有，只是很难遇到罢了。

／

① 在室：女子已订婚而未嫁，或已嫁而被休回娘家，称"在室"。后亦泛指女子未婚。

② 少艾：指年少美好的女子。

| 实践要点 |

／

本章讨论男性续娶的问题。中年以后失去妻子，是现实生活中的一个大不幸。当然，解决这个问题，不应仓促随意，而应当审慎地选择对象。

# 1.52　妇人不预外事之可怜①

妇人不预外事②者，盖谓夫与子既贤，外事自不必预。若夫与子不肖，掩蔽妇人之耳目，何所不至？今人多有游荡、赌博，至于鬻田园③，甚至于鬻其所居，妻犹不觉。然则夫之不贤，而欲求预外事，何益也！子之鬻产必同其母，而伪书契字者有之。重息以假贷，而兼并之人不惮于论讼，贷茶、盐以转贷，而官司责其必偿，为母者终不能制。然则子之不贤，而欲求预外事何益也！此乃妇人之大不幸，为之奈何！苟为夫能念其妻之可怜，为子能念其母之可怜，顿然④悔悟，岂不甚善！

## ｜　今译　｜

妇人不参与家庭外面之事，那是说丈夫和儿子已是贤良，外事自然不必参与。如果丈夫和儿子不像话，蒙骗遮蔽妇人的耳目，哪有什么坏事做不出呢？如今的人多有游荡、赌博，以至于卖掉田地和园圃，甚至把房子都卖掉，而妻子还没发觉的。这样来看，丈夫不贤良，而妇人想要参与外事，又有何益呢！儿子出卖家产必须征得母亲同意，但却有伪造契约签字的。儿子去借高利贷，而那些兼并田地产业的人，也不怕争讼；借入茶、盐进而转借出去，而官府责求其一定要偿还，做母亲的最终也不能制止。这样来看，儿子不肖，而妇人想要参与外事，又有何益呢！这是妇人之大不幸，令人无可奈何！如果做丈夫的能顾念妻子之可怜，做儿子的能顾念母亲之可怜，立刻悔悟，岂不甚好！

## | 简注 |

① 妇人不预外事之可怜：知不足斋本原标题作"妇人不必预外事"。按本章主旨并非在于妇人不必参与外事，而是说遇到丈夫、儿子不像话，而妇人无法参与外事，实为可怜。

② 外事：世事；家庭或个人以外的事。

③ 田园：田地和园圃。

④ 顿然：立刻，当即。

## | 实践要点 |

本章讨论妇人参与家庭以外之事的问题。俗语说"男主外，女主内"，今天的社会，男女逐渐变得没有明确的内外分工，但是还有很多问题尚未能解决好，甚至给女性增加了更多压力，例如很多女性常常既参加工作又要照管家庭，生活反而变得更加艰辛。本章作者实际并没有说妇人一定不要参与家庭外面的事，只是认为在当时的社会环境下，妇人在外面难以发挥很大的作用，其中表露出来的对妇人不幸的哀怜，尤其令人动情。下章则说到那些能营生、打理家业的贤妇人。

# 1.53　寡妇治生难托人

妇人有以其夫蠢懦，而能自理家务，计算钱谷出入，人不能欺者；有夫不肖，而能与其子同理家务，不致破家荡产者；有夫死子幼，而能教养其子，敦睦内外姻亲，料理家务，至于兴隆者：皆贤妇人也。而夫死子幼，居家营生，最为难事。托之宗族，宗族未必贤；托之亲戚，亲戚未必贤；贤者又不肯预人家事。惟妇人自识书算，而所托之人衣食自给，稍识公义，则庶几焉。不然，鲜不破家。

---

**｜　今译　｜**

妇人有因为其丈夫蠢笨柔弱，而能自己打理家业，计算钱财粮食出入，别人不能欺负的；有丈夫不肖，而能和儿子一块打理家业，不致破家荡产的；有丈夫死去、儿子年幼，而能教导、抚养儿子，与内亲外戚关系和睦，打理家业，以至家庭兴隆的：这些都是贤能的妇人。其中，丈夫死去、儿子年幼，而妇人自己处家谋生，是最为困难的事。把家业托付给宗族，宗族之人未必贤良；托付给亲戚，亲戚也未必贤良；贤良之人又未必肯参与别人的家事。只有妇人自己识字会算，而所托付之人衣食能自给自足，并稍能识得公义，那还差不多。否则的话，少有不破败家业的。

<br>

| 实践要点 |

／

　　本章接着上章，讨论妇人打理家业的问题。作者在这里的姿态更加积极，比较正面地肯定善于料理家业的"贤妇人"。

# 1.54 男女不可幼议婚

人之男女，不可于幼小之时便议婚姻。大抵女欲得托，男欲得偶，若论目前，悔必在后。盖富贵盛衰，更迭不常；男女之贤否，须年长乃可见。若早议婚姻，事无变易固为甚善，或昔富而今贫，或昔贵而今贱，或所议之婿流荡不肖，或所议之女很戾不检，从其前约则难保家，背其前约则为薄义，而争讼由之以兴，可不戒哉！

世人家里的男孩女孩，不可以在幼小时就议婚事。大致说来，女子希望能找到托付终身的，男子希望得到合适的配偶，如果只谈论眼下的，日后必定后悔。因为富贵盛衰是会频频改换的；男女是贤还是不肖，得年长了才能看出。如果过早议婚，事态没变固然挺好，倘若昔日富有而如今贫困，昔日高贵而如今卑贱，或所议定的女婿浪荡而不肖，或所议定的女子凶暴乖戾而不检点。这时，如果遵循从前的约定，则难以保家；如果背弃从前的约定，则为缺乏情义，而争讼也因此而兴起，对此怎可不警戒呢！

## | 实践要点 |

/

本章讨论男女幼小议婚的问题。今天的人容易想象古时候人们"指腹为婚"的情形。这种现象确实有，但如此处所见，有见识的人并不赞同"娃娃亲"。在此，作者主要从信义和争讼等角度，来给出适当的反驳。

# 1.55　议亲贵人物相当

男女议亲，不可贪其阀阅①之高，资产之厚。苟人物不相当，则子女终身抱恨，况又不和而生他事者乎！

## ┃　今译　┃

男女议婚事，不可贪其家世显赫、资产丰厚。如果两个人自身不匹配，将会导致子女终身抱恨，何况又有因不和而滋生其他事端的呢！

## ┃　简注　┃

① 阀阅：泛指门第、家世。

## ┃　实践要点　┃

本章讨论婚嫁双方的匹配问题。今天的人对于古人的处理方式，很容易基于等级观念贴上"门当户对"的标签，而表示轻蔑。但实际上，如作者在这里所说的，其中所考虑的仍是很实在的、贴近人情的问题，这对于今天仍有一定的启发。

# 1.56　嫁娶择配应适当[①]

　　有男虽欲择妇，有女虽欲择婿，又须自量我家子女如何。如我子愚痴庸下，若娶美妇，岂特不和，或有他事；如我女丑拙很妒，若嫁美婿，万一不和，卒为其弃出者有之。凡嫁娶因非偶而不和者，父母不审之罪也。

## ｜　今译　｜

　　虽然家中有男子想要择取媳妇，或家中有女子想要择取夫婿，但也需要自己度量一下自家的孩子品性资质怎样。如果自家儿子愚笨痴顽、平庸低下，要是娶了美妇，岂止会不和，恐或滋生其他事端；如果自己女儿丑陋笨拙、凶暴妒忌，要是嫁给美婿，万一不和，最终可能会为其所弃休。凡是嫁娶因不相配而不和的，都是父母不察的罪过。

## ｜　简注　｜

① 嫁娶择配应适当：知不足斋本标题原作"嫁娶当父母择配偶"。按此章主

旨不在于嫁娶择配要听父母之命，而是嫁娶择配偶应该两两相合。具体请参本章下面的"实践要点"。

## | 实践要点 |

本章讨论婚嫁双方配对要适当的问题。值得注意的是，这并不是一般说的富贵权势意义上的"门当户对"，而是在性情、资质乃至长相方面的相匹配。媳妇、女婿固然要追求好的，但也要考虑自家孩子的品性资质。这是一条很中肯的建议。作者谈及的反面例子，即使在今天的生活中也存在，值得注意。

# 1.57　媒妁之言不可尽信<sup>①</sup>

古人谓"周人恶媒"，以其言语反复，给女家则曰："男富。"给男家则曰："女美。"近世尤甚。给女家则曰："男家不求备礼，且助出嫁遣之资。"给男家则厚许其所迁之贿，且虚指数目。若轻信其言而成婚，则责恨见欺，夫妻反目，至于仳离者有之。大抵嫁娶固不可无媒，而媒者之言不可尽信如此。宜谨察于始。

## ｜　今译　｜

古人说"心思周密的人厌恶媒人"，因为媒人言语反复不定。跟女方家则说："男方富有。"跟男方家则说："女方漂亮。"近世尤其过分。跟女方家则说："男方家不求礼数周到，而且会帮着置办嫁妆。"跟男方家则许诺给予丰厚的嫁妆，而且虚报数目。如果轻信媒人的话而成婚，就会责怪怨恨被欺骗，闹得夫妻反目，以至离异的都有。大致而言，嫁娶固然不可没有媒人，但媒人的话也不可这样全信。应当一开始就谨慎细察。

/

① 媒妁之言不可尽信：知不足斋本原标题作"媒妁之言不可信"，今据本章原文及主旨而改。

| 实践要点 |

/

今天谈起古时候的婚嫁，常常提及"父母之命，媒妁之言"之类话。但从本章也可见，古人虽然认为婚嫁要有媒人，但是媒妁之言应当谨慎对待，不可轻信。

# 1.58　因亲结亲尤当尽礼

人之议亲，多要因亲及亲，以示不相忘，此最风俗好处。然其间妇女无远识，多因相熟而相简，至于相忽，遂至于相争而不和，反不若素不相识而骤议亲者。故凡因亲议亲，最不可托熟阙其礼文，又不可忘其本意，极于责备，则两家周致，无他患矣。故有侄女嫁于姑家，独为姑氏所恶；甥女嫁于舅家，独为舅妻所恶；姨女嫁于姨家，独为姨氏所恶，皆由玩易于其初，礼薄而怨生，又有不审于其初之过者。

| 今译 |

世人议婚事，多要亲上结亲，以表示不相忘，这是风俗最好之处。但是其中妇女没有远见，多因为互相熟悉而礼数简单，甚至于忽视的；以至于最后相争而不和睦，反而不如两家素不相识而骤然议婚事的。因此，凡是亲上结亲，最不可假托相熟而缺了礼数，又不可忘了其本意，而过分求全责备，这样，两家之间礼数周到，就不会有什么祸患。因此，有的侄女嫁到姑姑家，却独独为姑姑所厌

恶；有的外甥女嫁到舅舅家，却独独为舅娘所厌恶；有的姨母的女儿嫁到姨家，却独独为姨母所厌恶，都是由于在最初狎玩轻忽，礼数简薄而怨气生出，又有不审察其最初之过错的。

## | 实践要点 |

古时候有与姑妈或舅舅家结成亲家的风俗。例如《红楼梦》里，林黛玉的母亲，就是贾宝玉的姑妈，宝玉想要娶黛玉，黛玉想嫁给宝玉，这并不是违背风俗。作者在此强调，"亲上加亲"的风俗虽然好，但也要注意，不可因此而忽视必要的礼数。在这方面，两家人的交往，跟两个人的交往，有相似之处。不能因为相互亲近，就忘了分寸和尺度而轻忽怠慢。所以古人追求礼乐相济，既要相互关爱，又要相互尊敬。

# 1.59　女子可怜宜加爱

嫁女须随家力，不可勉强。然或财产宽余，亦不可视为他人，不以分给。今世固有生男不得力而依托女家，及身后葬祭皆由女子者，岂可谓生女不如男也！大抵女子之心最为可怜，母家富而夫家贫，则欲得母家之财以与夫家；夫家富而母家贫，则欲得夫家之财以与母家。为父母及夫者，宜怜而稍从之。及其有男女嫁娶之后，男家富而女家贫，则欲得男家之财以与女家；女家富而男家贫，则欲得女家之财以与男家。为男女者，亦宜怜而稍从之。若或割贫益富，此为非宜，不从可也。

## ｜　今译　｜

女儿出嫁需要根据家力给嫁妆，不可勉强。但是如果家境宽裕，也不可视女儿为外人而不分给。如今世上确实有生男不得力而依托女家的，以及身后葬祭皆由女子承当的，怎么可以说生女不如男呢！大致女子之心最为可怜，母家富有而夫家贫困，就想要母家的财物来给夫家；夫家富有而母家贫困，就想要夫家的财物来给母家。做父母和丈夫的，应加怜爱而稍稍听从她。等到她有儿子娶妻、女儿出嫁之后，男家富有而女家贫困，就想要男家的财物来给女家；女家富有而男家贫困，就想要女家的财物来给男家。做儿子、女儿的，也应加怜爱而稍稍听从她。但如果她掠夺贫家来增益富家，这就不应该了，不必听从。

<br>

| 实践要点 |

<br>

　　本章对当时社会生活中女子困境的揭示，令人动容。作者在讨论中还发出对"生女不如男"的质疑和反驳，尤为难得。

# 1.60　妇人年老尤难处

人言"光景百年，七十者稀"，为其倏忽易过。而命穷之人，晚景最不易过。大率五十岁前，过二十年如十年；五十岁后，过十年不啻①二十年。而妇人之享高年者，尤为难过。大率妇人依人而立，其未嫁之前，有好祖不如有好父，有好父不如有好兄弟，有好兄弟不如有好侄；其既嫁之后，有好翁不如有好夫，有好夫不如有好子，有好子不如有好孙。故妇人多有少壮享富贵，而暮年无聊者，盖由此也。凡其亲戚，所宜矜念。

## ｜　今译　｜

世人说"人生有百年光景，活到七十已少见"，因为人生匆匆易逝。而命运穷苦的人晚年最不容易过。大致五十岁以前，过二十年就像过十年一样快；五十岁以后，过十年就如同过二十年一样慢。而妇人之享有高寿的，则尤其难以度过。大致妇人依靠他人而立身，在她未出嫁前，有好祖父不如有好父亲，有好父亲不如有好兄弟，有好兄弟不如有好侄子；在她出嫁后，有好公公不如有好丈夫，有好丈夫不如有好儿子，有好儿子不如有好孙子。所以妇人多有少年、壮年时安享富贵，而晚年却老无所依的，就因为这个。她的内亲外戚，都应该加以矜怜顾念。

| 简注 |
/

① 不啻：无异于，如同。

| 实践要点 |
/

本章接着讨论到年老妇女的艰难困境。在古代，女性受到很多不公平的限制，那是比较明显和公开的。今天，女性受到的限制，则很多是隐性的。甚至在公平、平等的名义下，承受更沉重的压力。这些问题都值得深思并寻求解决之道。

# 1.61 收养亲戚当虑后患

人之姑姨、姊妹及亲戚妇人，年老而子孙不肖，不能供养者，不可不收养。然又须关防，恐其身故之后，其不肖子孙却妄经官司，称其人因饥寒而死，或称其人有遗下囊箧<sup>①</sup>之物。官中受其牒<sup>②</sup>，必为追证，不免有扰。须于生前令白之于众，质之于官，称身外无馀物，则免他患。大抵要为高义之事，须令无后患。

## 今译

世人之姑姑、姨母、姐妹及亲戚中的妇人，如果年老而子孙不肖，不能供养的，不可不收养她们。但是又需要防备，担心在她过世之后，其不肖子孙却妄起官司，声称她是因为饥寒而死的，或声称她袋子箱子里还遗留有财物。官府接到文书，必定追查求证，这就不免有所烦扰。为免如此，需要在其生前就让她公之于众人，向官府说明，声明自己身无余物，这就可以免除其他祸患。大致要做高尚正义之事，需要让事情没有后患。

/

① 囊箧：袋子与箱子。

② 牒：文书，证件。

/

本章讨论收养亲戚的问题，可谓综合了前面讨论的收养问题和亲戚交往问题。最后说的"大抵要为高义之事，须令无后患"，与前面所言"高义之事使人病于难行"，也有呼应，值得重视。

# 1.62　分给财产务均平

　　父、祖高年，怠于管干，多将财产均给子孙。若父、祖出于公心，初无偏曲，子孙各能戮力，不事游荡，则均给之后，既无争讼，必至兴隆。若父、祖缘有过房<sup>①</sup>之子，缘有前母后母之子，缘有子亡而不爱其孙，又有虽是一等子孙，自有憎爱，凡衣食财物所及，必有厚薄，致令子孙力求均给，其父、祖又于其中暗有轻重，安得不起他日争端！若父、祖缘其子孙内有不肖之人，虑其侵害他房，不得已而均给者，止可逐时均给财谷，不可均给田产。若均给田产，彼以为己分所有，必邀求尊长立契典卖，典卖既尽，窥觎他房，从而娶取，必至兴讼，使贤子贤孙被其扰害，同于破荡，不可不思。大抵人之子孙，或十数人皆能守己，其中有一不肖，则十数人皆受其害，至于破家者有之。国家法令百端，终不能禁；父、祖智谋百端，终不能防。欲保延家祚<sup>②</sup>者，览他家之已往，思我家之未来，可不修德熟虑，以为长久之计耶？

父亲、祖父年事高，怠于管理家业，多是将财产平均分给子孙。如果父亲、祖父出于公心，原无偏私，子孙各个能尽力，不去游荡，那么平均给予之后，既已没有争讼，必定能家门兴隆。如果父亲、祖父因为有过房的儿子，因为有前妻、后母的儿子，因为有儿子早亡而不爱其孙子，又有虽然一样都是子孙，自己却有所私憎、偏爱，凡是给予衣食财物这些东西，总是有所厚有所薄，以致让子孙竭力要求平均给予，其父亲、祖父又暗中操作，轻重不等，这样一来，又怎能保证来日不起争端呢！如果父亲、祖父因为其子孙中有不肖者，忧虑其侵害他房之子，又不得已要平均给予的，只可随时平均给予钱财谷物，不可平均给予田地和产业。如果平均给予田地和产业，那不肖子孙就认为是自己分内所有，必定要求尊长立契约去典卖，典卖完了，又觊觎他房的田地产业，从而贪婪夺取，如此必定导致兴起争讼，使得贤良子孙遭受其烦扰祸害，跟家产破荡没什么分别，这不可不思量啊！大致世人的子孙，哪怕十来个人都能安分守己，如果其中有一个人不肖，那么那十来个人都会受其害，以至于破家荡产的都有。国家有各种各样的法律，终究不能禁止；父亲、祖父用尽智谋，也终究不能预防。想要保持延续家运的，看到别人家的往事，思量自己家的未来，怎能不行善积德、深思熟虑以作长久之计呢？

① 过房：无子而以兄弟或同宗之子为后嗣。

② 家祚：家运。

## ┃ **实践要点** ┃

／

　　本章讨论分财产的问题。其中的关键自然是"平均"。但作者进一步提醒不能只看表面形式，而要考虑更多的问题。例如有的情况下，"止可逐时均给财谷，不可均给田产"。其中的讨论极富启发。

┃ 1.62　分给财产务均平 ┃

137

# 1.63　遗嘱公平维后患

遗嘱之文，皆贤明之人为身后之虑，然亦须公平，乃可以保家。如劫①于悍妻黠妾，因于后妻爱子，中有偏曲厚薄，或妄立嗣，或妄逐子，不近人情之事，不可胜数，皆所以兴讼破家也。

## 今译

遗嘱文字都是贤明之人为身后考虑而写成。但是也需要公平，才可以保家。如果为凶悍、狡猾的妻妾所胁制，或由于有后妻、有爱子，而在遗嘱中有所偏私、厚薄不均，或妄自立后嗣，或妄自驱逐儿子，诸如此类不近人情的事，不可胜数，这些都是兴起诉讼、破败家业的根由。

## 简注

① 劫：威逼，胁制。

| **实践要点** |

/

　　此下两章讨论遗嘱问题。本章强调立遗嘱要公平地分配家产，尤其是顶住"悍妻黠妾"的压力，以及对"后妻爱子"的偏爱，谨防后患。

# 1.64　遗嘱之文宜预为

父、祖有虑子孙争讼者，常欲预为遗嘱之文，而不知风烛①不常，因循不决，至于疾病危笃，虽心中尚了然，而口不能言，手不能动，饮恨而死者多矣。况有神识昏乱者乎！

## ｜　今译　｜

父亲、祖父有担心子孙兴起诉讼的，常常打算预先立遗嘱，却不知风烛残年，生死无常，仍然犹豫不决，等到病危之时，虽心里还明白，但已经口不能说，手不能动，饮恨而死的，这种情况实在多见。何况还有那时已精神昏乱、不省人事的呢！

## ｜　简注　｜

① 风烛：风中之烛易灭，后遂以"风烛"喻临近死亡的人或行将消灭的

事物。

/

　　本章讨论立遗嘱的时间问题。人到晚年，生命不常，病危之时，无法言动，甚至精神昏聩，那时已来不及立遗嘱，唯有抱恨而亡，甚至连恨都没机会了。想到这里，就知道遗嘱文字应当预先写好。作者的告诫可谓殷切。

卷二

处己

# 2.1 人之智识有高下

人之智识固有高下，又有高下殊绝者。高之见下，如登高望远，无不尽见；下之视高，如在墙外，欲窥墙里。若高下相去差近，犹可与语；若相去远甚，不如勿告，徒费舌颊尔。譬如弈棋，若高低止较三五着，尚可对弈；国手与未识筹局之人对弈，果何如哉？

| 今译 |

人的智慧见识固然有高下，而且有高下相差悬殊的。见识高远的看那见识低下的，就如同登高望远，一切都看在眼底；见识低下的看那见识高远的，就如同在高墙之外想要窥探高墙里面。如果高下相差不远还可聊到一块；如果相差太远，不如不要跟他理论，那是白费口舌。就像下棋一样，如果高低相差三步着棋，还可以对弈，若是国手跟不识布局的人对弈，那怎么能进行下去呢？

此是第二卷首章，讨论人的智慧见识有高下，甚至相差悬殊的。其中的重点在于："若相去远甚，不如勿告，徒费口颊尔。"最后国手和生手对弈的比喻，非常形象地表达出作者的看法。

# 2.2 处富贵不宜骄傲

富贵乃命分偶然，岂宜以此骄傲乡曲！若本自贫窭，身致富厚；本自寒素，身致通显，此虽人之所谓贤，亦不可以此取尤①于乡曲。若因父祖之遗资而坐享肥浓，因父祖之保任②而驯致通显，此何以异于常人？其间有欲以此骄傲乡曲，不亦羞而可怜哉！

---

| **今译** |

富贵乃是命分偶然之事，怎能以此在乡里骄纵傲慢呢！如果本是贫困，靠自己发家致富，本是家世低微，靠自己获得显贵名位，这虽然是世人所说的"贤能"，但也不可以此而在家乡招致怨恨。如果因为父祖的遗产而坐享财富，因为父亲祖父的举荐而逐渐获得显贵名位，这跟寻常人又有什么差别呢？如果其中有谁想要以此而在家乡骄纵傲慢，难道不是可羞又可怜吗！

① 尤：怨恨。取尤：招致怨恨。

② 保任：保荐，推荐。在此特指向朝廷推荐人才而负担保的责任。

| 实践要点 |

《论语·颜渊》载："司马牛忧曰：'人皆有兄弟，我独亡！'子夏曰：'商闻之矣：死生有命，富贵在天。君子敬而无失，与人恭而有礼；四海之内，皆兄弟也。君子何患乎无兄弟也？'"其中表达了富贵在于天命的观念，意在让人不必介怀无法操控的东西，而要关注自己能改变的东西，所谓"敬而无失，与人恭而有礼"。《论语·学而》则载："子贡问曰：'贫而无谄，富而无骄，何如？'子曰：'可也。未若贫而乐道、富而好礼者也。'"其中表达了贫穷而不谄媚，更好的则是能乐道；富贵而不骄傲，更好的则是能好礼。本章的大旨都出自《论语》，差别在于作者用更形象的语言、具体的事例展现出道理，读来别有一番味道。

# 2.3　礼不可因人轻重

世有无知之人，不能一概礼待乡曲，而因人之富贵贫贱，设为高下等级。见有资财有官职者，则礼恭而心敬。资财愈多，官职愈高，则恭敬又加焉。至视贫者、贱者，则礼傲而心慢，曾不少顾恤①。殊不知彼之富贵，非我之荣；彼之贫贱，非我之辱，何用高下分别如此！长厚②有识君子必不然也。

| 今译 |

世上有些无知的人，对乡人不能一概都以礼相待，而是因人的富贵贫贱设置高下等级。看到有财富、有官职的人，就彬彬有礼、内心起敬。财富越多，官职越高，就越加恭敬。至于看到贫困、微贱的人，则高傲无礼、内心怠慢，从来不稍加顾念怜悯。殊不知他人的富贵，并非我的光荣；他人的贫贱，并非我的耻辱，何必这样分别高下呢！恭谨宽厚、卓有见识的君子必定不会这样做。

① 顾恤：顾念怜悯。

② 长厚：恭谨宽厚。

| 实践要点 |

作者强调，行礼在于自己，对乡人当一概以礼相待，不可"因人之富贵贫贱设为高下等级"。这种观念非常深刻，今天的人恐怕都难以达到。人之为人本身就是值得尊重的，这正是一概以礼相待的前提。

# 2.4　操守与穷达自两途①

操履②与升沉自是两途。不可谓操履之正，自宜荣贵；操履不正，自宜困厄③。若如此，则孔、颜应为宰辅④，而古今宰辅达官不复小人矣。盖操履自是吾人当行之事，不可以此责效⑤于外物。责效不效，则操履必怠，而所守或变，遂为小人之归矣。今世间多有愚蠢而享富厚、智慧而居贫寒者，皆自有一定之分，不可致诘⑥。若知此理，安而处之，岂不省事。

## ｜ 今译 ｜

品行操守和仕途升沉自然是两回事。不可以说操守正派，自然应当荣华显贵；操守不正派，自然应当困苦危难。果真如此，那么孔子、颜子就应该做宰相，而古今的宰相高官都不会有小人了。因为操守自然是我们应当做的事，不可以此来求取外物作为成效。否则的话，求取成效不得，操守就必定懈怠，而所持守的东西或许会改变，于是就沦为小人了。如今世间多有天资愚笨而享有富贵、聪明智慧而处境贫寒的人，都是各自有一定的命分，不可推究。如果知道这个道理，安然处之，岂不是省了很多麻烦吗?

## ｜ 简注 ｜

① 操守与穷达自两途: 知不足斋本原标题作"穷达自两途"，不够准确，今据本章主旨而修改。

② 操履: 操守。

③ 困厄: 困苦危难。

④ 宰辅: 辅政的大臣。一般指宰相。

⑤ 责效: 求取成效，取得成效。

⑥ 致诘: 究问; 推究。

## ｜ 实践要点 ｜

本章跟上章所言有一脉相承之处。这里区分了品行操守和仕途升沉，认为二者自然是两回事。人应当品行端正，有道德操守，这是人之为人本身应该做的，也是我们能掌控的，就像《孟子·告子上》所说:"求则得之，舍则失之。"而仕途升沉，则跟贫富差异一样，并不是个人能完全掌控的，是外在的东西。因此，不能将二者捆绑起来。知道这个道理，则可以宠辱不惊。

# 2.5　世事更变皆天理

世事多更变，乃天理如此。今世人往往见目前稍稍乐盛，以为此生无足虑，不旋踵<sup>①</sup>而破坏者多矣。大抵天序十年一换甲<sup>②</sup>，则世事一变。今不须广论久远，只以乡曲十年前、二十年前比论目前，其成败兴衰何尝有定势！世人无远识，凡见他人兴进，及有如意事，则怀妒；见他人衰退，及有不如意事，则讥笑。同居及同乡人最多此患。若知事无定势，则自虑之不暇，何暇妒人笑人哉！

## | 今译 |

世事多所变更，这是天理如此。如今世人往往看见目前稍稍喜乐昌盛，以为此生再没有什么可忧虑的，没想到转眼间就破败衰落了，这种现象多的是。大概天道十年换一轮"甲"，则世事就有一次变化。如今不需要大谈久远的事，就以乡里十年前、二十年前来跟目前比较谈论一下，其中的成败兴衰何曾有确定的态势呢！世人没有远见卓识，一见到别人兴盛和有如意之事，就心怀妒忌，一见到别人衰退和有不如意之事，就讥讽嘲笑。同住和同乡的人最多这种祸患。如果知道世事没有确定的态势，那就会自虑不暇，怎么还会有空暇去妒忌别人、嘲笑别人呢！

## ┃ 简注 ┃

／

① 不旋踵：亦作"不还踵"。来不及转身。喻时间极短。

② 天序十年一换甲：古时以天干地支纪年，天干有"甲、乙、丙、丁、戊、己、庚、辛、壬、癸"十个，每十年轮一次，所以说天道十年换一轮"甲"。

## ┃ 实践要点 ┃

／

"世事多更变，乃天理如此。"今朝富贵，明日落魄；今朝落魄，明日高升，这样的事并不少见。人如果意识到这个道理，就可以少几分狂傲和妒忌，多几分谦逊、坦然和忧患意识。

# 2.6 人生劳逸常相若

　　应高年享富贵之人，必须少壮之时尝尽艰难，受尽辛苦，不曾有自少壮享富贵安逸至老者。早年登科<sup>①</sup>及早年受奏补<sup>②</sup>之人，必于中年龃龉不如意，却于暮年方得荣达；或仕宦无龃龉，必其生事窘薄，忧饥寒，虑婚嫁。若早年宦达，不历艰难辛苦，及承父祖生事之厚，更无不如意者，多不获高寿。造物乘除<sup>③</sup>之理，类多如此。其间亦有始终享富贵者，乃是有大福之人，亦千万人中，间<sup>④</sup>有之，非可常也。今人往往机心巧谋，皆欲不受辛苦，即享富贵至终身，盖不知此理；而又非理计较，欲其子孙自少小安然享大富贵，尤其蔽惑也，终于人力不能胜天。

---

**| 今译 |**

/

　　享有长寿、富贵的人，必须是在年轻力壮时备尝艰难、历尽辛苦的，未曾有过从年轻时就享受富贵安逸一直到老的人。早年科举中榜和早年接受奏荫官职的人，必定在中年时仕途不顺达、不如意，却在老年时才位高显达；或有仕途顺达的，必定生计窘迫，担忧饥寒，操心儿女婚嫁。如果早年仕途亨通，不用经历艰难辛苦，以及继承父亲祖父的丰厚产业，并无不如意事的人，那多半不会享有高寿。天地间造物消长盛衰的道理多是如此。其间也有一生从始到终享有富贵的，这乃是有大福分的人，也只是千万人里间或有这样的人，并不是常有的事。如今世人往往花尽心机、巧为谋划，都想要不经受辛苦就终身享有富贵，这是因为不知道这个道理，并且还不合理地计较打算，想要子孙从小就安享富贵，这真是尤其受蒙蔽迷惑，最终只会是人力不能胜天。

| 简注 |

① 登科：科举时代应考人被录取。

② 奏补：犹奏荫。宋代父亲祖父为高官，可以上奏请求授予儿孙官职，称为"奏荫"。

③ 乘除：比喻人事的消长盛衰。

④ 间（jiàn）：间或、偶尔。

| 实践要点 |

人们总是厌恶艰辛劳苦，但实际上人生总是与此相伴而行，享受富贵高寿的

人常常经历过大艰辛。"终身享受富贵"的大福之人非常罕见，也并不值得效仿。父母培养孩子，如果把"孩子从小到大不受辛苦而安享富贵"作为目标，这是非常迷惑的做法，一定会出问题。本章所言富有深意，值得深思。

# 2.7　贫富定分任自然

富贵自有定分。造物者既设为一定之分，又设为不测之机，役使天下之人朝夕奔趋，老死而不觉。不如是，则人生天地间全然无事，而造化之术穷矣[①]。然奔趋而得者不过一二，奔趋而不得者盖千万人。世人终以一二者之故，至于劳心费力，老死无成者多矣。不知他人奔趋而得，亦其定分中所有者。若定分中所有，虽不奔趋，迟以岁月，亦终必得。故世有高见远识，超出造化机关之外，任其自去自来者，其胸中平夷，无忧喜，无怨尤，所谓奔趋及相倾之事，未尝萌于意间，则亦何争之有！前辈谓："死生贫富，生来注定；君子赢得为君子，小人枉了做小人。"此言甚切，人自不知耳！

## ｜　今译　｜

富贵自有确定的命分。造物者既设置了一定的命分，又设置了不测的机运，役使天下的人每天从早到晚奔忙趋求，到老死都不觉醒。不这样，那么人生在天地之间就全然无事可做，而造化之术就有尽头了。但是奔忙趋求而得其所愿的不过一二人，奔忙趋求而不得所愿的则有千万人。世人终究因为这一二人的缘故，就奔忙趋求以至于劳神费力，直到老死都一无所成的多的是了。殊不知别人奔忙趋求而得其所愿，那也是别人命分中注定该有的。如果命分注定该有，即使不奔忙趋求，早晚也会得到。故世上有远见卓识超出造化机运关窍之外，任其自来自去的人，他的胸中平和，不喜不惧，不怨不尤，所谓奔忙趋求以及互相倾轧的事，从不曾萌生心头，那又怎么会相争呢！前辈有言："死生贫富，乃是生来注定；君子能胜过、超越这些，所以成为君子，小人枉然去奔忙趋求，所以成为小人。"这话极其切要，只是世人不觉悟而已！

## | 简注 |

① 穷矣："矣"字底本原无，据知不足斋本补。

## | 实践要点 |

本章接续前面几章的话题，更详细地说明"富贵自有定分"的道理。

# 2.8　忧患顺受则少安

人生世间，自有知识以来，即有忧患不如意事。小儿叫号，皆其意有不平。自幼至少，至壮，至老，如意之事常少，不如意之事常多。虽大富贵之人，天下之所仰羡以为神仙，而其不如意处各自有之，与贫贱人无异，特所忧虑之事异尔。故谓之缺陷世界，以人生世间无足心满意者。能达此理而顺受之，则可少安。

## 　今译　

人生在世间，自从有觉识以来，就有忧患担心、不如意的事。小孩子哭闹，都是其内心有所不平。从幼小到青年，到壮年，到老年，如意的事常常很少，不如意的事常常很多。哪怕大富大贵的人，天下景仰羡慕认为就像神仙一样，但他们也各自有不如意的地方，跟贫贱的人没什么差别，只是他们所忧虑的事不同而已。所以说这是个"缺陷世界"，因为人生在世间没有能完全心满意足的。能够见到这个道理而坦然接受，就可以稍微安心些。

北宋诗人苏东坡有一句著名的诗:"人生识字忧患始。"在作者看来,人都是有限的人,世界也是一个"缺陷世界",人生不如意之事常十八九。这是事实,是实实在在的道理。作者最后说:"能达此理而顺受之,则可少安。"明白这个道理之后,做事就会少一些计较和奔忙,多一份坦然和平常心。

# 2.9　谋事难成则永久

凡人谋事，虽日用至微者，亦须龃龉而难成。或几成而败，既败而复成，然后其成也永久平宁，无复后患。若偶然易成，后必有不如意者。造物微机不可测度如此，静思之则见此理，可以宽怀。

## ｜　今译　｜

大凡一个人谋划事情，即使是平常日用至为微小的事，也总是不顺遂、难成功。或有接近成功却转而失败，已经失败而后又做成功了的，这样之后其成功才会长久安稳，没有后患。如果是偶然轻易就成功，之后必定有不如意的情况。造物之机窍就是这样不可测度，静下来想想就知道这个道理，也可以宽心一些。

## ｜　实践要点　｜

本章总结了一个值得思考的现象。确实有些事情历尽艰辛、反反复复才成功，而成功之后则长久安稳。这也告诉我们，不要因为艰辛或反复而失去信心，也许这正是老天在历练我们，因此要愈挫愈勇，再接再厉。

# 2.10　性有所偏在救失

人之德性出于天资者，各有所偏。君子知其有所偏，故以其所习为而补之，则为全德之人。常人不自知其偏，以其所偏而直情径行[①]，故多失。《书》言九德[②]，所谓"宽、柔、愿、乱、扰、直、简、刚、强"者，天资也；所谓"栗、立、恭、敬、毅、温、廉、塞、义"者，习为也。此圣贤之所以为圣贤也。后世有以性急而佩韦、性缓而佩弦[③]者，亦近此类。虽然，己之所谓偏者，苦不自觉，须询之他人乃知。

## 今译

人的德性出于天资的，各有所偏颇。君子知道德性有所偏颇，所以通过努力练习来补偏救弊，这样就可成为德性全面发展的人。常人不能知道自己的偏颇，而任着自己有所偏颇的性情径直去做，所以多有偏失。《尚书》说"九德"，其中所谓"宽弘、柔和、诚实、能干、驯顺、正直、简大、刚断、强劲"，是指天生的资质；所谓"庄严、能立事、恭恪、谨敬、果毅、温和、廉正、塞实、合道义"，是指后天的努力练习。这正是圣贤之所以为圣贤的原因。后世有因为性情急躁而佩戴柔韧的韦皮、性情缓滞而佩戴绷紧的弓弦的，也与此类似。虽然如此，自身的性情偏颇，苦于不能自觉，所以还需要询问他人才能知道。

| 简注 |

① 直情径行：任着自己的性情径直去做。

② 九德：贤人所具备的九种品德。语出《尚书·皋陶谟》："亦行有九德，亦言其人有德……宽而栗，柔而立，愿而恭，乱而敬，扰而毅，直而温，简而廉，刚而塞，强而义。"

③ 佩韦：韦皮性柔韧，性急者佩之以自警戒。佩弦：佩带弓弦。弓弦常紧绷，故性缓者佩以自警。《韩非子·观行》："西门豹之性急，故佩韦以自缓；董安于之性缓，故佩弦以自急。"

| 实践要点 |

本章呼应本书开篇第一章，可以对照来读。人的性情各有所偏，重在矫正纠偏。作者援引《尚书》"九德"的例子来说明，非常形象。

# 2.11 人行有长短

人之性行，虽有所短，必有所长。与人交游，若常见其短，而不见其长，则时日不可同处；若常念其长，而不顾其短，虽终身与之交游可也。

## 今译

人的性情品行虽然有所短，但也必定有所长。跟人交往，如果常常看到其短处，而看不到其长处，就会连一时一天都难以共处；如果常常想到其长处，而不顾及其短处，那么即使终身跟他交往都可以。

## 实践要点

《论语·里仁》说："子曰：'见贤思齐焉，见不贤而内自省也。'"作者在这里着重发挥"见贤思齐"的一面。人的性情品行各有长短，与人交往若能常常见到对方的长处，就可以长久交往。《论语·公冶长》又说："晏平仲善与人交，久而敬之。"所谓"善与人交"，能常常见到对方的长处，也算是其中一个体现吧。

# 2.12  人不可怀慢伪妒疑之心

处己接物，而常怀慢心、伪心、妒心、疑心者，皆自取轻辱于人，盛德君子所不为也。慢心之人，自不如人，而好轻薄人。见敌己以下之人，及有求于我者，面前既不加礼，背后又窃讥笑。若能回省其身，则愧汗浃背矣。伪心之人，言语委曲，若甚相厚，而中心乃大不然。一时之间人所信慕，用之再三则踪迹露见，为人所唾去矣。妒心之人，常欲我之高出于人，故闻有称道人之美者，则忿然不平，以为不然；闻人有不如人者，则欣然笑快。此何加损于人？祇厚怨耳！疑心之人，人之出言未尝有心，而反复思绎曰："此讥我何事？此笑我何事？"则与人缔怨，常萌于此。贤者闻人讥笑，若不闻焉。此岂不省事！

| 今译 |

自处和待人接物，却常常怀着怠慢之心、虚伪之心、妒忌之心、猜疑之心

的，都是自取轻视羞辱于别人，有盛德的君子是不会这样做的。有怠慢心的人自己不如别人，却好轻薄别人。看见不如自己的人以及有求于自己的人，当面既已不加礼敬，背后又窃笑讥讽。如果能反省自身，就会羞愧得汗流浃背了。有虚伪心的人言语隐晦曲折，好像挺忠厚，但内心却大为不然。一时之间别人会信任钦慕，来回多几次之后就会心迹暴露，为人所唾弃。有妒忌心的人常常想要自己高过别人，所以听到有谁称道别人的好，就会愤然不平，不以为然；听到别人有不如人的情况，就会欣然快慰。实则这对别人又有什么损伤，只不过加深别人对自己的怨恨而已！有猜疑心的人，别人出言并不是有心，而自己却反复思量咀嚼，说："这是讥讽我哪个事？这是嘲笑我哪个事？"所以跟人结怨，常常由此而萌生。贤者听到人讥讽嘲笑，就好像没听到一样，这岂不是省事？

## | 实践要点 |

本章着重分析待人接物时，如果怀有怠慢、虚伪、妒忌、猜疑这类心思，只会自取其辱，并一一作具体说明。诚如作者所言，有见识的贤者，自然不会这样做。

# 2.13　人贵忠信笃敬

"言忠信，行笃敬"①，乃圣人教人取重于乡曲之术。盖财物交加，不损人而益己；患难之际，不妨人而利己，所谓忠也。有所许诺，纤毫必偿；有所期约，时刻不易，所谓信也。处事近厚，处心诚实，所谓笃也。礼貌卑下，言辞谦恭，所谓敬也。若能行此，非惟取重于乡曲，则亦无入而不自得。然"敬"之一事于己无损，世人颇能行之，而矫饰假伪，其中心则轻薄，是能敬而不能笃者，君子指为谀佞，乡人久亦不归重也。

## ｜ 今译 ｜

"言语忠诚信实，行事笃厚恭敬"，这乃是圣人教人在乡里获得尊重的方法。在财物经手之时，不损害人而让自己获益，患难之际，不妨碍人而让自己得利，这就叫做忠诚。做出了许诺，哪怕一丝一毫也要满足，定下了期限，哪怕一时半刻也不变更，这就叫做信实。处事忠厚，居心诚实，这就叫做笃厚。礼貌卑下，言辞谦恭，这就叫做恭敬。如果能这样做，不仅在家乡取得敬重，而且无论在什么处境都能安然自得。但"敬"这一事对自己无所损害，世人颇能做到，但却只是矫饰虚伪，内心实则轻薄，这是能恭敬而不能笃厚。君子把这叫做奉承谄媚，同乡人久了之后也不会推重他们。

## ｜ 简注 ｜

① 言忠信，行笃敬：孔子之语，出自《论语·卫灵公》。

## ｜ 实践要点 ｜

儒家思想非常重视"敬"。《论语·卫灵公》载："子张问行。子曰：'言忠信，行笃敬，虽蛮貊之邦行矣；言不忠信，行不笃敬，虽州里行乎哉？立，则见其参于前也；在舆，则见其倚于衡也。夫然后行。'子张书诸绅。"作者引用孔子"言忠信，行笃敬"这个话，将其视为"圣人教人取重于乡曲之术"，认为由此就可以在任何处境下都能坦然自得。作者最后补充，"恭敬"不是做做样子，日久见人心，实实在在地恭敬，才能得到乡人持久的尊重。

# 2.14　厚于责己而薄于责人

忠信、笃敬，先存其在己者，然后望其在人者。如在己者未尽，而以责人，人亦以此责我矣。今世之人，能自省其忠信笃敬者盖寡，能责人以忠信笃敬者皆然也。虽然，在我者既尽，在人者亦不必深责。今有人能尽其在我者，固善矣，乃欲责人之似己，一或不满吾意，则疾之已甚[①]，亦非有容德者，只益贻怨于人耳！

## | 今译 |

忠诚信实、笃厚恭敬，先要自己做到这些，然后才能期望别人也做到。如果自己不能做到，却来责求别人，那么别人也会以此责求我。如今世人能反省自己是否做到忠诚信实、笃厚恭敬的大概很少，而责求别人做到忠诚信实、笃厚恭敬的则比比皆是。虽然如此，即使自己做到了，也不必过于责求别人。如今有人自己做到了固然好，却想要责求别人像自己一样，一有不能满足自己的意，就痛恨太甚，这也不是有包容之德性的人，只会越来越招致别人的怨恨而已！

① 疾之已甚：痛恨得太厉害。语出《论语·泰伯》："子曰：'好勇疾贫，乱也。人而不仁，疾之已甚，乱也。'"

| 实践要点 |

本章可以和前面1.2章对照来读。1.2章讨论"自反"的作用，本章则强调多反省，少苛责别人。宋代大儒吕祖谦性情急躁，动不动就责骂人，有一天读到《论语》的一句话"躬自厚而薄责于人"（多责备自己，少责备别人），痛定思痛，猛然自省改过。从此性情和缓下来，不再轻易苛责别人。这真是一个勇于改过的人，也是一个真正会读书的人。"在我者既尽，在人者亦不必深责"，今天有谁能够读到这个而能勇于自省改过的呢？

# 2.15 处事当无愧心

今人有为不善之事，幸其人之不见不闻，安然自肆，无所畏忌。殊不知人之耳目可掩，神之聪明不可掩。凡吾之处事，心以为可，心以为是，人虽不知，神已知之矣；吾之处事，心以为不可，心以为非，人虽不知，神已知之矣。吾心即神，神即祸福，心不可欺，神亦不可欺。《诗》曰："神之格思，不可度思，矧可射思。"①释者以谓："吾心以为神之至也，尚不可得而窥测，况不信其神之在左右，而以厌射之心处之，则亦何所不至哉！"

| 今译 |

如今有人做了坏事，侥幸别人没看到没听到，坦然放纵恣肆，无所顾忌。殊不知人的耳目可遮掩，神灵的耳目却不可遮掩。但凡自己做事，心里认为可以、认为正确，即使别人不知道，神灵也已经知道了；自己做事，心里认为不可、认为不正确，即使别人不知道，神灵也已经知道了。我的心就是神灵，神灵就意味着祸福，心不可欺骗，神灵也不可欺骗。《诗经》说："神灵的到来，不可以测度，

又怎可厌倦而不敬畏呢！"解释者认为这是说："我的心认为神灵的到来，尚不可以窥测到，何况不相信神灵就在身边左右，而以厌倦之心来对待，这样又有什么做不出来呢！"

① 神之格思，不可度思，矧可射思：这几句诗出自《诗经·大雅·抑》。

| 实践要点 |

本章主要讲做事应该问心无愧，仰不愧于天，俯不怍于地。作恶虽然可以掩人耳目，但是神的耳目却掩不住。古人崇尚易简之道，如《孟子》所说："夫道若大路然，岂难知哉？人病不求耳。"本章所讲也是些平常道理，贵在真心追求，实心去做。

# 2.16　为恶祷神为无益

人为善事而未遂，祷之于神，求其阴助，虽未见效，言之亦无愧。至于为恶事而未遂，亦祷之于神，求其阴助，岂非欺罔！如谋为盗贼而祷之于神，争讼无理而祷之于神，使神果从其言而幸中，此乃贻怒于神，开其祸端耳。

## ┃ 今译 ┃

人做善事但没做成，向神灵祈祷，祈求其暗中相助，即使没有见效，说出来也无所愧疚。至于做恶事但没做成，也向神灵祈祷，祈求其暗中相助，这岂不是欺天骗神吗！例如谋划做盗贼而向神灵祈祷，不合道理地争讼而向神灵祈祷，假使神灵果真听从这些话，而侥幸让事情做成了，这也会激怒神灵，开启了祸端。

## ┃ 实践要点 ┃

向苍天神灵祈祷，本来体现了内心的谦虚和虔诚。但是如果作恶而向神灵祈祷，这就像盗贼向主人请求偷盗其财产一样，是欺天罔人的背理之事。

算卦跟祈祷也是一个道理。很多人喜欢《周易》算卦，但是古人早已告诫："《易》为君子谋。"只有做问心无愧的君子之事，算卦才可能准，《易》才可能为你出谋划策。如果做坏事，那即使算出卦来，也是不准的。

# 2.17 公平正直人之当然

凡人行己公平正直，可用此以事神，而不可恃此以慢神；可用此以事人，而不可恃此以傲人。虽孔子亦以"敬鬼神、事大夫、畏大人"①为言，况下此者哉！彼有行己不当理者，中有所慊，动辄知畏，犹能避远灾祸，以保其身。至于君子而偶罹于灾祸者，多由自负以召致之耳。

| 今译 |

／

大凡一个人行事公平正直，可以此侍奉神灵，而不可仗着这个而怠慢神灵；可以此而侍奉人，而不可仗着这个傲慢待人。即使是孔子，也说"敬重鬼神、侍奉大夫、敬畏大人"这些话，何况不如孔子的人呢！那些行事不当理的人，心中有所愧疚，动辄知道畏惧，还能够躲避灾祸，以保全其身。至于有的君子偶然遭遇灾祸，多是由于自负自大而招致这些灾祸的。

/

① 敬鬼神、事大夫、畏大人：三者都出自《论语》。《论语·雍也》："樊迟问知。子曰：'务民之义，敬鬼神而远之，可谓知矣。'"《论语·卫灵公》："子贡问为仁。子曰：'工欲善其事，必先利其器。居是邦也，事其大夫之贤者，友其士之仁者。'"《论语·季氏》："孔子曰：'君子有三畏：畏天命，畏大人，畏圣人之言。小人不知天命而不畏也，狎大人，侮圣人之言。'"

| 实践要点 |

/

本章所言可以与前面 2.4 章对照来读。操守践履和公平正直一样，都是人之为人理所当然该做的事，是无条件的，所以是可贵的。前面说："操履自是吾人当行之事，不可以此责效于外物。"这里则说：不可因为行事公平正直，就以此而怠慢神灵、傲慢待人，觉得自己道德高尚，比别人更高一等。

# 2.18　悔心为善之几

人之处事能常悔往事之非，常悔前言之失，常悔往年之未有知识，其贤德之进，所谓长日加益而人不自知也。古人谓"行年六十而知五十九之非"者，可不勉哉！

## ｜　今译　｜

人做事能常常追悔以前行事的不是，常常追悔以前出言的失误，常常追悔以前没有智慧见识，那么其贤能德性之长进，即所谓的每天都有长进而自己都没察觉到。古人说"年到六十岁而知晓五十九岁时的过失"，怎能不努力呢！

## ｜　实践要点　｜

《论语·公冶长》载孔子说："已矣乎！吾未见能见其过而内自讼者也。"孔子说：算了吧，我还没见过能够看见自己的过错而在心里自己责备自己的人！

《庄子·则阳》里说:"蘧伯玉行年六十而六十化,未尝不始于是之而卒诎之以非也,未知今之所谓是之非五十九年非也。"很多事情,往往今年还认为自己是对的,明天就觉得自己做错了。人如果能保持自讼、悔过的心,就能明白自己的局限,也会保持谦虚,这样也就更有进步的空间了。

但是,悔也具有两面性,有悔心是好的,但贵在悔后就改,不能陷在后悔中而不能自拔,否则又会生出别的弊病。就像王阳明在《传习录》中所说:"悔悟是去病之药,以改之为贵。若留滞于中,则又因药发病。"

# 2.19　恶事可戒而不可为

凡人为不善事而不成，正不须怨天尤人，此乃天之所爱，终无后患。如见他人为不善事常称意者，不须多羡。此乃天之所弃，待其积恶深厚，从而殄灭之。不在其身，则在其子孙。姑少待之，当自见也。

## ｜ 今译 ｜

大凡人做坏事而未做成，正可不必怨天尤人。这乃是上天爱惜，最终不会有后患。如果见到他人做坏事而常常称心如意，不需多加羡慕。这乃是上天所唾弃的，等到其恶行积累得深厚了，就会灭绝他们。不在他们自己身上应验，就会在他们的子孙身上应验。姑且稍稍等待，终当自然可见。

## ｜ 实践要点 ｜

这里说的话看似矛盾，其实非常深刻。古人早就说："多行不义必自毙。"虽然类似于讲因果报应，但道理确实有：作恶多端，总会暴露出来，总会引起天怒人怨，最终也就会因此而身败名裂。

# 2.20 善恶报应难穷诘

　　人有所为不善，身遭刑戮，而其子孙昌盛者，人多怪之，以为天理有误。殊不知此人之家，其积善多，积恶少。少不胜多，故其为恶之人身受其报，不妨福祚延及后人。若作恶多而享寿富安乐，必其前人之遗泽将竭，天不爱惜，恣其恶深，使之大坏也。

## ｜ 今译 ｜

　　有的人做了坏事，自身遭到刑罚杀戮，而其子孙却昌隆兴盛起来。世人多觉得奇怪，以为天理搞错了。殊不知此人之家，积善多，积恶少。少比不过多，所以那作恶的人自身受报应，却不妨碍福分延续到后人。如果作恶多而享有长寿、财富、安乐，那必定是前辈人留下的德泽将要尽了，天不爱惜，任其恶行加深，最终使其大大地破败衰坏。

　　本章接续前章，讲积善、积恶的后果问题。不一定要用因果报应来说，其中总有一定的道理在。

# 2.21　人能忍事则无争心

人能忍事，易以习熟，终至于人以非理相加，不可忍者，亦处之如常；不能忍事，亦易以习熟，终至于睚眦之怨①，深不足较者，亦至交詈争讼，期于取胜而后已，不知其所失甚多。人能有定见，不为客气②所使，则身心岂不大安宁！

人能够忍事，容易做到习惯，以至于哪怕别人不讲道理地相待，不可忍受的情况，也都能像平常那样处置；不能够忍事，也容易做到习惯，以至于哪怕极小的怨恨，极其不足计较的情况，也会相互詈骂、争讼，一定要赢了才罢手，殊不知这样其所失已很多。人能够有确定的见解，不被一时的意气所役使，那么身心岂不会非常安宁！

① 睚眦：瞋目怒视；瞪眼看人。睚眦之怨：指极小的怨恨。

② 客气：一时的意气；偏激的情绪。

| 实践要点 |

╱

本章应当与前面 1.6 章对照来读。人能忍事，是非常难得的。但要注意，不仅要能忍，而且要有忍的恰当方式，也就是要"善处忍"，不要因为忍而生出其他弊病来。

# 2.22　小人当敬远

人之平居，欲近君子而远小人者，君子之言多长厚端谨①，此言先入于吾心，及吾之临事，自然出于长厚端谨矣；小人之言多刻薄浮华，此言先入于吾心，及吾之临事，自然出于刻薄浮华矣。且如朝夕闻人尚气、好凌人之言，吾亦将尚气、好凌人而不觉矣；朝夕闻人游荡、不事绳检之言，吾亦将游荡、不事绳检而不觉矣。如此非一端，非大有定力，必不免渐染之患也。

## 　今译

人平日里想要接近君子而远离小人的，应该知道，君子的言语多恭谨宽厚、端正谨饬，这样的言语先进入我的心，等到我应对事情，自然也出于恭谨宽厚、端正谨饬；小人的言语多刻薄浮华，这样的言语先进入我的心，等到我应对事情，自然也出于刻薄浮华。就如一天到晚听别人崇尚意气、喜欢欺凌人的言语，我也将崇尚意气、喜欢欺凌人而不自觉；一天到晚听别人游手闲荡、不守规矩的言语，我也将游手闲荡、不守规矩而不自觉。诸如此类不是一两件，若不是有很强的定力，必定不免渐被熏染的祸患。

① 长厚：恭谨宽厚。端谨：端正谨饬。

## | 实践要点 |

人平时的交往，应当近君子而远小人。这个道理也是平常的，但却是重要的。如诸葛亮著名的《出师表》中就说："亲贤臣，远小人，此先汉所以兴隆也；亲小人，远贤臣，此后汉所以倾颓也。"

# 2.23  老成之言更事多

老成之人，言有迂阔，而更事为多；后生虽天资聪明，而见识终有不及。后生例以老成为迂阔，凡其身试见效之言，欲以训后生者，后生厌听而毁诋者多矣。及后生年齿渐长，历事渐多，方悟老成之言可以佩服，然已在险阻艰难备尝之后矣。

## | 今译 |

老成之人，言语有时迂阔，而经历事情较多；年轻后生虽然天资聪明，但见识终究有所不及。后生一贯以老成之人为迂阔，大凡老成之人亲身试验并见效、想要以此教训后生的言语，后生却厌烦去听并加以诋毁，这样的情况多的是。等到后生年龄渐渐增长，经历事情渐渐增多，才发觉老成之人的言语值得钦佩服从，但这已是在历尽险阻、备尝艰辛之后了。

老成人的老成之言，听起来迂阔，但实际上却是深有道理的。俗语有言：不听老人言，吃亏在眼前。但后生晚辈却总是要备尝艰辛之后才理解，也许又应了"吃一堑，长一智"这另一个道理吧。

# 2.24　君子有过必思改

圣贤犹不能无过，况人非圣贤，安得每事尽善？人有过失，非其父兄，孰肯诲责？非其契爱<sup>①</sup>，孰肯谏谕<sup>②</sup>？泛然相识，不过背后窃议之耳。君子惟恐有过，密访人之有言，求谢而思改；小人闻人之有言，则好为强辨，至绝往来，或起争讼者有矣。

## ┃　今译　┃

圣贤都不能没有过失，何况人非圣贤，怎能事事都做得尽善尽美呢？人有过失，若不是自己的父兄，谁肯教诲责备自己呢？若不是跟自己友好亲爱的人，谁肯劝谏讽喻自己呢？泛泛相识的人，不过在背后窃窃议论而已。君子唯恐自己有过失，暗地里打听到别人指出自己的过失，要去拜谢对方，并想方设法改过；小人听到别人说自己的过失，则喜欢牵强分辨，乃至和对方绝交，甚或兴起争讼的都有。

① 契爱：友好；亲爱。
② 谏谕：亦作"谏喻"。劝谏讽喻；劝谏晓喻。

| 实践要点 |

　　本章可与前面 2.18 章讨论的后悔的问题合看。俗话说："人非圣贤，孰能无过。"明代心学家如王阳明及其后学，甚至认为圣之所以为圣，不在于其无过，而在于其最能认清并最勇于改正自己的过错。中国传统非常看重改过，如孔子所言："改之为贵。"《论语·子张》也记载子贡说："君子之过也，如日月之食焉：过也，人皆见之；更也，人皆仰之。"子路是孔门中勇者的代表。但子路的勇敢不仅体现为不怕困难，而且体现为勇于改过。所以《孟子》说："子路，人告之以有过则喜。禹闻善言则拜。大舜有大焉，善与人同。舍己从人，乐取于人以为善。"听过别人说自己的过错而能欢喜的人，一定是能大有作为的人，因为他一定会改进自己，而别人也乐意劝告他。因此，别人每一次劝告和责备，都成为他进步的一个契机。

# 2.25 言语贵简寡

言语简寡，在我，可以少悔；在人，可以少怨。

## | 今译 |

言语简洁短少，在自己，可以少后悔；在别人，可以少怨恨。

## | 实践要点 |

儒家文化不推崇花言巧语的人，相对而言则更偏爱木讷寡言的人。《论语》既说："巧言令色，鲜矣仁。""巧言、令色、足恭，左丘明耻之，丘亦耻之。""巧言乱德，小不忍则乱大谋。"又说："刚毅木讷，近仁。""先行，其言而后从之。""仁者其言也讱。"讱就是迟钝、缓慢谨慎的意思。孟子听到别人说他"好辩"，就反复感慨地说："予岂好辩哉？予不得已也。"（《孟子·滕文公下》）这是儒家对于言语的态度。

# 2.26 小人为恶不必谏

人之出言举事，能思虑循省①，而不幸有失，则在可谏可议之域。至于恣其性情，而妄言妄行，或明知其非而故为之者，是人必挟其凶暴强悍，以排人之议己。善处乡曲者，如见似此之人，非惟不敢谏诲，亦不敢置于言议之间，所以远侮辱也。尝见人不忍平昔所厚之人有失，而私纳忠言，反为人所怒，曰："我与汝至相厚，汝亦谤我耶！"孟子曰："不仁者，可与言哉？"②

一个人出言行事能思虑省察，而不幸有过失，则在可以劝谏可以议论的范围。至于那些放纵性情，胡乱出言行事，或明知不对还故意去做的，这种人必定仗着自己的凶暴强悍来拒斥别人议论自己。善于跟乡人相处的，见到类似这样的人，不但不敢劝谏教诲，而且也不敢议论谈说，这是为了远离侮辱。曾经看到有人不忍平日交情深厚的人有过失，而私下献出忠言，反而把别人激怒，说："我与你彼此交情深厚，你也来毁谤我吗！"孟子说："不仁之人，怎么可以和他交谈呢？"

/

① 循省：检查；省察。
② 不仁者，可与言哉：语出《孟子·离娄上》。

| 实践要点 |

/

本章可以与前面 2.1 章对照来读。人的性情资质相差悬殊，有的小人或是顽固不化，或是无法理喻，总之无法改变对方的言行。在这种情况下，是不必也无法劝谏的。同时，这也可以远离小人的侮辱。

# 2.27 觉人不善知自警

不善人虽人所共恶，然亦有益于人。大抵见不善人则警惧，不至自为不善；不见不善人则放肆，或至自为不善而不觉。故家无不善人，则孝友之行不彰；乡无不善人，则诚厚之迹不著。譬如磨石，彼自销损耳，刀斧资之以为利。老子云"不善人，乃善人之资"①，谓此尔。若见不善人而与之同恶相济，及与之争为长雄，则有损而已，夫何益？

|  **今译**  |

不善之人虽然是人所共同厌恶的，但也有益于人。大抵看见不善之人就会警惕畏惧，不至于自己做坏事；看不见不善之人就会放肆，甚或至于做坏事而不察觉。所以家中没有不善之人，那么孝顺父母、友爱兄弟的行为就不会彰显；乡里没有不善之人，那么诚实忠厚的行迹就不会显著。就好像磨石，它自己消耗减损而已，刀斧资借它而得以变得锋利。老子说"不善之人，乃是善人的资借"，就是说这个。如果看见不善之人，却和他共同为恶，和他争相称雄，则会有损于

己，哪里有什么益处呢？

| 简注 |

/

① 不善人，乃善人之资：语出《老子》第 27 章，原文作："不善人者，善
人之资。"

| 实践要点 |

/

本章可以和前面 2.11 章对照来读。《论语·里仁》载："子曰：'见贤思齐焉，
见不贤而内自省也。'" 2.11 章重在"见贤思齐"，强调要见到别人的长处，而不
要只盯着别人的短处；本章则重在"见不贤而内自省也"，指出不善之人在消极
意义上也有益处，可以让人见到而警惕自省，也可以衬托出善人的善。

# 2.28　不肖子弟有不必谏者①

乡曲有不肖子弟，耽酒好色，博弈游荡，亲近小人，蓄养驰逐，轻于破荡家产，至为乞丐窃盗者，此其家门厄数如此，或其父祖稔恶②至此，未闻有因谏诲而改者。虽其至亲，亦当处之无可奈何，不必譊譊③，徒厚其怨。

| 今译 |

乡里有不肖子弟，嗜好酒色，赌博游荡，亲近小人，斗鸡竞马，轻的破家荡产，甚至于做乞丐小偷盗贼，这是其家门厄运命数如此，或是其父亲祖父罪恶深重以至于此，未曾听过有因劝谏教诲而改正的。即使是其至亲，也应当以无可奈何处之，不必争辩，徒然加深其怨恨。

| 简注 |

① 不肖子弟有不必谏者：知不足斋本原标题作"门户当寒生不肖子"，含义

不明确，今据原文主旨而改。按此章与 2.26 章"小人为恶不必谏"类似，指有的不肖子弟即使劝谏教诲也不会悔改，因此不必费口舌。

② 稔（rěn）恶：丑恶，罪恶深重。

③ 譊譊（náo）：争辩，论辩。

| **实践要点** |

／

本章可以和前面 2.1 章、2.26 章对照来读。前面讲对于有些顽固不化或无法理喻的小人，不必徒劳无益地劝告；本章则讲对于有些从不悔改的不肖子弟，即使是至亲，也不必徒劳争辩。这可谓一般性的建议。再对比于前面数章都讲到的悔过、改过的君子，有些不肖子弟、小人死不悔改，真的只能无可奈何。

# 2.29　正己可以正人

勉人为善，谏人为恶，固是美事，先须自省。若我之平昔自不能为人，岂惟人不见听，亦反为人所薄。且如己之立朝可称，乃可诲人以立朝之方；己之临政有效，乃可诲人以临政之术；己之才学为人所尊，乃可诲人以进修之要；己之性行为人所重，乃可诲人以操履之详；己能身致富厚，乃可诲人以治家之法；己能处父母之侧而谐和无间，乃可诲人以至孝之行。苟惟不然，岂不反为所笑！

## ｜ 今译 ｜

勉励他人为善，劝谏他人不要为恶，固然是一桩美事，但也要先自省。如果我平日本自不能为了他人，那岂止他人不会听从，还反会被他人轻薄。就如自己在朝为官值得称道，才可以教诲他人以在朝为官的方法；自己处理政务有效用，才可以教诲他人以处理政务的诀窍；自己的才识学问为人所尊尚，才可以教诲他人以进学修道的要法；自己品性操行为人所敬重，才可以教诲他人以操守的详情；自己能靠自身发家致富，才可以教诲人以治家致富的法门；自己能跟父母一块生活而和谐无间，才可以教诲人以孝顺的行为。如果不是这样，岂不是反被人笑话！

## ┃ 实践要点 ┃

／

本章可以和前面 1.15 章对照来读。1.15 章讲趁早教育孩子，但教育也要以身作则；本章则讲勉励别人为善、讽谏别人不要作恶固然好，但也要先自己反省。有的人自己没做好，却喜欢管别人。这当然也是为别人好，但未必奏效，反而可能被嘲笑，而且其中也常常会夹杂控制他人的心理。

# 2.30　浮言不足恤

　　人之出言至善，而或有议之者；人有举事至当，而或有非之者。盖众心难一，众口难齐如此。君子之出言举事，苟揆之吾心，稽之古训，询之贤者，于理无碍，则纷纷之言皆不足恤，亦不必辨。自古圣贤，当代①宰辅，一时守令，皆不能免，况居乡曲，同为编氓，尤其所无畏，或轻议己，亦何怪焉！大抵指是为非，必妒忌之人，及素有仇怨者。此曹何足以定公论？正当勿恤勿辩也。

## ┃　今译　┃

　　有的人出言说话至为善好，却或有议论他的；有的人行事至为得当，却或有非议他的。众人之心、众人之口就是这样难以齐一。君子出言行事，如果在己心中揆度，考核古训，询问贤者，于道理都没有妨碍，那么群言纷纷都不足为恤，也不必分辨。自古圣贤，过往宰相，一时守令，都不免为人所非议，何况住在同乡，同为编户之民，更是无所畏惧，或有轻易非议自己的，又何足怪呢！大抵把是说成非的，必定是妒忌之人和素来有仇怨的人。这些人何足以确定公论？正应该不要顾恤、不要争辩。

| 简注 |

/

① 当代：在此指过去那个时代。

| 实践要点 |

/

本章主要讨论说话做事只要恰当，就不要管别人的议论。圣人孔子都有人诽谤贬低，何况别人呢。本章也接续前章关于"不必争辩"的话题，前面是说不必为了别人而徒劳争辩，本章则说不必由于别人的非议而为自己辩护。我们知道，意大利诗人但丁《神曲》有著名的话："走自己的路，让别人说去吧。"本章作者则意味深长地说："君子之出言举事，苟揆之吾心，稽之古训，询之贤者，于理无碍，则纷纷之言皆不足恤，亦不必辩。"这几句讲得非常精彩。言行的标准不在别人的议论，而在于合理，在于合乎自己的内心、合乎经典中的古老智慧、合乎圣贤的高见。

# 2.31　谀巽之言多奸诈

人有善诵我之美，使我喜闻而不觉其谀者，小人之最奸黠者也。彼其面谀我而我喜，及其退与他人语，未必不窃笑我为他所愚也。人有善揣人意之所向，先发其端，导而迎之，使人喜其言与己暗合者，亦小人之最奸黠者也。彼其揣我意而果合，及其退与他人语，又未必不窃笑我为他所料也。此虽大贤亦甘受其侮而不悟，奈何！

有的人善于颂扬我的好，让我喜欢听而不察觉其阿谀奉承，这乃是最奸猾的小人。他当面谄媚我，让我感到欢喜，等到背后跟别人谈论，未必不会窃笑我为他所愚弄。有的人善于揣测别人的心意所向，先做个开端，引导而迎合别人，使别人欢喜其言跟自己暗合，这也是最奸猾的小人。他揣测我的心意，果然合上了，等到背后跟别人谈论，未必不会窃笑我为他所料中。这些即使是大贤也甘愿受其侮辱而不醒悟，又能怎么办呢！

　　本章讨论那些阿谀奉承、巧言令色的人。这是孔子特别厌恶的一类人，深深地以之为耻："巧言、令色、足恭，左丘明耻之，丘亦耻之。"（《论语·公冶长》）阿谀奉承的话，的确容易让人欢喜，让人失去理智。有些奸黠小人更是当面奉承，背后嘲笑，窃窃自喜地自以为很高明，而被奉承者则很愚笨，轻而易举地就被自己愚弄。这可以说是小人中的小人。

# 2.32  凡事不为己甚

人有詈人而人不答者，人必有所容也，不可以为人之畏我，而更求以辱之。为之不已，人或起而我应，恐口噤而不能出言矣。人有讼人而人不校者，人必有所处也，不可以为人之畏我，而更求以攻之。为之不已，人或出而我辨，恐理亏而不能逃罪矣。

## ┃ 今译 ┃

有的人詈骂别人，而别人却不回应。这必定是别人有所包容，不可以认为是别人畏惧我，从而愈加寻求羞辱别人。若是不休止地这样做，别人或许就起而回应我，恐怕那时自己就要闭口不说话了。有的人诉讼别人，而别人却不计较。这必定是别人有所处置，不可以认为是别人畏惧我，从而愈加寻求攻击别人。若是不休止地这样做，别人或许就站出来跟我分辨，恐怕那时自己理亏而无法躲避罪罚了。

中、西方的传统文化都提倡无过不及的中庸、中道精神。在西方，例如古希腊哲人亚里士多德就如此。凡事要有个度，不要做得不充分，也不要做得太过分。哪怕是合乎正义的事，也要有个度，才能更好地实现正义；否则就可能适得其反，事与愿违。孔子说："好勇疾贫，乱也。人而不仁，疾之已甚，乱也。"（《论语·泰伯》）痛恨不仁不义的坏人，本是好事，但也要把握分寸，最好能让坏人有悔过自新的自觉和机会，否则如果过度了，可能导致坏人恼羞成怒，更加肆无忌惮地起而作乱。所以孟子说："仲尼不为已甚者。"（《孟子·离娄下》）孔子之为孔子，在于他能持守中道，避免做过分的事。

# 2.33　言语虑后则少怨尤

亲戚故旧，人情厚密之时，不可尽以密私之事语之，恐一旦失欢，则前日所言，皆他人所凭以为争讼之资。至有失欢之时，不可尽以切实之语加之，恐忿气既平之后，或与之通好结亲，则前言可愧。大抵忿怒之际，最不可指其隐讳之事，而暴其父祖之恶。吾之一时怒气所激，必欲指其切实而言之，不知彼之怨恨，深入骨髓，古人谓"伤人之言，深于矛戟"是也。俗亦谓："打人莫打膝，道人莫道实。"

## ｜　今译　｜

跟亲戚故旧交情深厚密切的时候，不可把私密的事全都相告，恐怕一旦失和，那么前日所说的，都成为别人所依凭来争讼的资借。至于跟亲戚故旧失和的时候，也不可把实在的话全都说出来，恐怕愤怒平息之后，或会与之往来交好、结为姻亲，那么前日说的话就可羞愧了。大抵在愤怒之时，最不可指出对方隐私讳言的事，暴露对方父亲祖父的恶行。我为一时怒气所激发，必定想指出那切实的隐私来说，殊不知对方因此对我恨之入骨，这就是古人说的"伤害别人的言语，比矛戟伤得还深"。俗话也说："打人不要打要害处的膝盖，说人不要说讳言的实话。"

## | 实践要点 |

本章讨论说话应该考虑后果。细细琢磨，其中蕴含的精神，也跟上章讲的"凡事不要过分"的道理，有一脉相通之处。上章说责骂人、诉讼人，要得饶人处且饶人，不要过分；本章则指出，跟亲朋好友的关系无论是非常亲密还是很不和睦，都不要因为情绪的影响而管不住口，说出一些平常不会说的话。人在情绪激动的时候，容易做过分的事、讲过分的话，等到情绪平静时，就会有所后悔羞愧。本章所说，曲尽人情，值得体味。

# 2.34　与人言语贵和颜

亲戚故旧，因言语而失欢者，未必其言语之伤人，多是颜色辞气暴厉，能激人之怒。且如谏人之短，语虽切直，而能温颜下气，纵不见听，亦未必怒；若平常言语，无伤人处，而词色俱厉，纵不见怒，亦须怀疑。古人谓"怒于室者色于市"[1]，方其有怒，与他人言，必不卑逊。他人不知所自，安得不怪？故盛怒之际，与人言话，尤当自警。前辈有言："诫酒后语，忌食时嗔，忍难耐事，顺自强人。"常能持此，最得便宜。

---

### ┃　今译　┃

亲戚故旧，因为言语而失和的，未必是言语有多么伤人，而多半是说话时的脸色辞气粗暴乖戾，把人激怒了。且如劝谏别人的短处，哪怕言语恳切率直，只要能和颜下气，纵使别人不听从，也未必会发怒；而如果是寻常的言语，并无伤人之处，而言词和神态都很严厉，那么别人纵使不发怒，也会怀疑嘀咕。古人说"生家中人的气，却以怒色对待市人"，在其有怒气时，跟别人说话，必定不会卑逊谦让。别人不知其怒气的由来，又怎能不觉得奇怪？所以盛怒之时，跟人说话尤其要自加警醒。前辈说："警惕酒后说话，禁忌吃饭时嗔怒，忍受难以忍受的事，顺从那自强之人。"常常能持守此言，最能够顺当。

## ｜ 简注 ｜

① 怒于室者色于市：生家中人的气，却以怒色对待市人。指迁怒于人。《左传·昭公十九年》："彼何罪？谚所谓'室于怒，市于色'者，楚之谓矣。舍前之忿可也。"又《战国策·韩策》："语曰：'怒于室者色于市。'今公叔怨齐，无奈何也，必周君而深怨我矣。"

## ｜ 实践要点 ｜

本章重点在于指出：跟人交谈，不仅要考虑说什么，而且要考虑怎么说的问题。也就是，不仅要重视讲话的内容，而且要重视讲话的方式，包括讲话的语气、神色、态度乃至时机、场合等等。这一看法非常有现实意义。有的人只顾着说出正确道理，但很多时候，对方不是因为自己说得对不对而愤怒或欣慰，而是由于自己说话的神色语气而接受或拒绝。

# 2.35　老人当敬重优容<sup>①</sup>

> 高年之人，乡曲所当敬者，以其近于亲也。然乡曲
> 有年高而德薄者，谓刑罚不加于己，轻詈辱人，不知愧
> 耻。君子所当优容而不较也。

## ▌ 今译 ▌

　　老年人是乡人所应当敬重的，因为他们已变得接近亲人。但是乡里也有年老而德薄的人，自谓刑罚不会加在自己身上，就轻易詈骂侮辱别人，不知羞耻。这是君子所应当包容而不计较的。

## ▌ 简注 ▌

　　① 老人当敬重优容：知不足斋本原标题作"老人当敬重"，今据原文主旨而增订。

　　本章讨论对乡里老人的态度。有的老人和蔼可亲，人人敬重；有小部分老人则为老不尊，或倚老卖老，对这样的老人，只要不是做得太过分，也不妨多加包容，不跟其计较。这是一种值得赞赏的态度。

# 2.36　与人交游贵和易

> 与人交游，无问高下，须常和易，不可妄自尊大，修饰边幅①。若言行崖异②，则人岂复相近！然又不可太亵狎③。樽酒会聚之际，固当歌笑尽欢，恐嘲讪中触人讳忌，则忿争兴焉。

## 今译

跟人交往，不管对方身份地位高低，需当常常宽和平易，不能够妄自尊大，讲究仪容小节。如果言行乖异，那又有谁愿意亲近自己呢？但是也不可以太轻慢随意。聚会喝酒的时候，固然要欢笑尽兴，也小心不要在嘲讽讥笑中触碰到别人的忌讳，否则忿怒争端就会兴起。

## 简注

① 修饰边幅：边幅，布帛的边缘，比喻仪容、衣着。修整布帛边缘，使无

不齐。比喻讲究衣饰仪容或形式小节。

② 崖异：乖异。指人性情、言行不合常理。

③ 亵狎：轻慢，不庄重。

| **实践要点** |

本章讲跟人交往的态度，指出言行举止要宽和平易，但又不能太轻慢随意。这也可谓无过不及的中庸、中道精神的体现。

# 2.37　才行高人自服

行高人自重，不必其貌之高；才高人自服，不必其言之高。

## | 今译 |

品行高洁，别人自然敬重，不一定要容貌高傲；才华高超，别人自然佩服，不一定要高谈阔论。

## | 实践要点 |

品行、才华之高，胜过样貌、言谈之高。

# 2.38　小人作恶必天诛

居乡曲间，或有贵显之家，以州县观望而凌人者；又有高资之家，以贿赂公行而凌人者。方其得势之时，州县不能谁何，鬼神犹或避之，况贫穷之人，岂可与之较？屋宅坟墓之所邻，山林田园之所接，必横加残害，使归于己而后已。衣食所资，器用之微，凡可其意者，必夺而有之。如此之人，惟当逊而避之，逮其稔恶之深，天诛之加，则其家之子孙自能为其父祖破坏，以与乡人复仇也。乡曲更有健讼之人，把持短长，妄有论讼，以致追扰，州县不敢治其罪。又有恃其父兄子弟之众，结集凶恶，强夺人所有之物，不称意则群聚殴打，又复贿赂州县，多不竟其罪。如此之人，亦不必求以穷治，逮其稔恶之深，天诛之加，则无故而自罹于宪网，有计谋所不及救者。大抵作恶而幸免于罪者，必于他时无故而受其报，所谓"天网恢恢，疏而不漏"①也。

住在乡里，或有高官显贵之家，凭借州县官府权势而欺凌人的；又有财富丰厚之家，通过公开行贿赂而欺凌人的。在其得势的时候，州县都拿他没辙，甚或鬼神都躲避他们，何况贫穷的人，怎么有能力跟他们较量？那些相毗邻的住宅、坟墓，相接近的山林、田地、果园，他们必定要蛮横地蚕食侵犯，直到占为己有才罢休。所须资用的衣服饮食，微不足道的器用设备，但凡合他们心意的，必定夺取过来。这样的人，只应当逊让避开他们，等到他们恶贯满盈，老天加以惩罚，那他们的子孙自然能破败父亲祖父的家业，以此来替乡人复仇。乡里还有喜欢闹事打官司的人，把持着是非短长，妄加评论争讼，以致穷追不舍地侵扰，州县官府都不敢治他们的罪。又有些人依仗父兄子弟人多势众，聚集作恶，豪取强夺。如果不称其意，就群聚打人，并且又贿赂州县官府，最后多半不能彻底惩罚他们。这样的人，也不必想着彻底惩治他们，等到他们恶贯满盈，老天加以惩罚，他们总会无故而自陷法网，什么计策都救不了。大致来看，为非作歹而幸免惩罚的人，必定在将来无故受到报应。这就是所谓"天网恢恢，疏而不漏"的意思。

① 天网恢恢，疏而不漏：语出《老子》第73章，原文作："天网恢恢，疏而不失。"天道如大网，虽稀疏却无有漏失。比喻作恶者逃不出上天的惩罚。

／

　　本章所说在前面也有相近的意思。那些作恶的小人，不断积累罪恶，总有一天要作茧自缚，受到应有的惩罚。

# 2.39  君子小人有二等

乡曲士夫，有挟术以待人，近之不可，远之则难者，所谓君子中之小人，不可不防，虑其信义有失，为我之累也。农、工、商贾、仆隶之流，有天资忠厚，可任以事，可委以财者，所谓小人中之君子，不可不知，宜稍抚之以恩，不复虑其诈欺也。

## ┃ 今译 ┃

乡里有的绅士，挟持心术来对待人，既不能亲近他，又难以疏远他。这就是所谓"君子中的小人"，不可不防备，小心他的信用和道义有所失而连累了自己。农人、工人、商人、仆人这些，有的天资忠厚老实，可以承担事务、委托财物，这就是所谓"小人中的君子"，不可不知晓，应该稍稍用恩义加以抚恤，不要担心他们会欺骗自己。

／

　　本章分别出两种人：一是君子中的小人，对这种人不可不防；二是小人中的君子，对这种人要有所抚恤。

# 2.40  居官居家本一理

士大夫居家，能思居官①之时，则不至干请把持，而挠时政；居官，能思居家之时，则不至狠愎暴恣，而贻人怨。不能回思者皆是也。故见任官每每称寄居官②之可恶，寄居官亦多谈见任官之不韪，并与其善者而掩之也。

## 今译

士大夫居家时，能够反省居官时的作为，就不至于请托、把控而干扰时政；居官时，能够反省居家时的作为，就不至于凶狠残暴、恣意横行而招人怨恨。不能反省回思的人则都不免于此。所以现任官员每每称说卸任返乡官员的可恶，卸任官员也常常谈论现任官员的过失，而将对方的好都一并掩盖了。

## 简注

① 居官：担任官职，为官。

② 寄居官：指本为朝廷官员，而今返里家居的人。亦称"寄居官员"。

## | 实践要点 |

居家和居官各有偏重，但又有相通的道理。居官的工作，体现为管理不同的民众家庭。官员赋闲在家作为民众，如果能想到自己做官员时追求自主、厌恶被干涉，就不会去把控或干扰时政了；而官员在做官时，如果能想到自己赋闲在家作为民众时，希望官员公正廉明、为民爱民，就不会残暴待民、恣意妄为而招人怨恨。其实，在任何事情上，这种换位思考的方式都值得提倡。

## 2.41　小人难责以忠信

　　"忠信"二字，君子不守者少，小人不守者多。且如小人以物市于人，散恶之物，饰为新奇；假伪之物，饰为真实。如绢帛之用胶糊，米麦之增湿润，肉食之灌以水，药材之易以他物。巧其言词，止于求售，误人食用，有不恤也。其不忠也类如此。负人财物，久而不尝，人苟索之，期以一月，如期索之，不售<sup>①</sup>；又期以一月，如期索之，又不售；至于十数期，而不售如初。工匠制器，要其定资，责其所制之器，期以一月，如期索之，不得；又期以一月，如期索之，又不得；至于十数期而不得如初。其不信也类如此。其他不可悉数。小人朝夕行之，略不之怪。为君子者往往忿懥，直欲深治之，至于殴打论讼。若君子自省其身，不为不忠不信之事，而怜小人之无知，及其间有不得已，而为自便之计至于如此，可以少置之度外也。

／

"忠信"这两个字，君子不持守的为少，小人不持守的为多。就如小人拿物品到市场上卖，蔽坏的物品就装饰得很新奇；虚假的物品，就装饰得很真实。例如绢帛用胶糊过，米麦粮食增加湿润度，肉类食品灌水，药材用别的东西代替。花言巧语，只求出售，而不会担心别人吃用了会出问题。这些人的不忠，就类似这样。跟别人借财物，久久不还，别人来索求，就约定一个月后归还，到期之后去索求，不能兑现；又约定一个月后归还，到期之后再去索求，又不能兑现。以至于十几次约定，都像第一次一样不能兑现。工匠制造器具，付了定金，要求所制造的器具，约定一个月后给，到期之后去拿，却拿不到；又约定一个月后拿，到期之后再去拿，又拿不到。以至于十几次约定，都像第一次一样不能拿到。这些人的不讲信用，就类似这样。其他的情况无法一一列举。小人一天从早到晚这样做，完全不觉得奇怪。做君子的往往很愤怒，直想着好好惩治他们，以至于闹到殴打人、打官司。如果君子能自己省察，不要做不忠不信的事，而又哀怜小人的无知，以及其中不得已而图方便以至于做出这样的事，那么对这些小人之事也就可以稍稍置之度外。

／

① 不售：不能实现。

本章可以和前面 1.2 章、2.14 章对照阅读。那两章都讲究多反省自己，2.14 章还说："虽然，在我者既尽，在人者亦不必深责。"也就是有诸己不必求诸人，自己有好的品性，不必苛求别人也一定要有。中国文化向来有"严于律己，宽于待人"的传统。即使是严格要求修身的儒家，包括宋明理学家，也首先是要求严格"修己"，而对他人则更多是"正己而不求诸人"、"君子求诸己，小人求诸人"，不过分苛责他人。《论语·卫灵公》载："子曰：'躬自厚而薄责于人，则远怨矣。'"也是这个意思。本章最后，作者还具体指出，小人不讲究忠信，有两个原因：一是"无知"；二是"不得已而图方便"，例如家境困难。如果考虑到这些，君子对小人的责备之心就可以少些。

# 2.42　戒货假药

张安国舍人[①]知抚州日，闻有卖假药者，出牓戒约曰："陶隐居[②]、孙真人因《本草》《千金方》济物利生，多积阴德，名在列仙。自此以来，行医货药，诚心救人，获福报者甚众。不论方册所载，只如近时此验尤多，有只卖一真药便家资巨万；或自身安荣，享高寿；或子孙及第，改换门户。如影随形，无有差错。又曾眼见货卖假药者，其初积得些小家业，自谓得计，不知冥冥之中，自家合得禄料[③]都被减克，或自身多有横祸，或子孙非理破荡，致有遭天火、被雷震者。盖缘赎药之人多是疾病急切，将钱告求卖药之家，孝子顺孙只望一服见效，却被假药误赚，非惟无益，反致损伤。寻常误杀一飞禽走兽，犹有因果，况万物之中，人命最重，无辜被祸，其痛何穷！"词多更不尽载。舍人此言，岂止为假药者言之？有识之人自宜触类。

张安国舍人做抚州知州的时候，听到当地有卖假药的，就出了一张公告告诫约束说："陶隐居、孙真人因为其著作《本草经集注》和《千金要方》《千金翼方》救济众生，多积累阴德，由此而名在列仙中。从此以来，行医卖药，诚心救人，最后获得福报的人非常多。且不说书册中所记载的，就比如近时应验的就尤其多，有只卖一种真药就家财万贯的；或者自身安享荣华和长寿；或者子孙中举，改门换户，这些就像如影随形一样，绝没有差错。又曾亲眼看到卖假药的，开始确实积累了一些家业，自以为计策得当，殊不知冥冥之中，自己本来应得的钱财都被削减了，或者自己多遭遇横祸，或者子孙不合理地破家荡产，乃至有遭受天火、被雷劈的。这是因为买药的人多是病急、病重，拿钱请求卖药的人家，孝子孝孙只希望药一吃就见效，却反倒被假药所误，不仅没用，反而导致损伤，加重病情。平常即使误杀一只动物都会有因果报应，何况万物之中人命关天，最为重要，无辜遭受祸害，其中的痛苦哪有穷尽呢？"文字很多不再尽录。张舍人这话何止是给卖假药的人说的？有识之士自然应该触类旁通。

① 舍人：本为官名，宋元以来俗称显贵子弟为舍人。

② 陶隐居：即陶弘景（456—536），字通明，号华阳居士，丹阳秣陵（今江苏南京）人，早年出仕，后辞官赴句曲山（茅山）隐居，寻访仙药，人称"山

中宰相"，著有《陶隐居集》《本草经集注》。孙真人：即孙思邈，京兆华原（今陕西省铜川市耀州区）人，唐代医药学家、道士，被后人尊称为"药王"，著有《千金要方》和《千金翼方》。

③ 禄料：犹料钱。唐宋间官吏除岁禄、月俸外的一种食料津贴。多折钱发给。清代也沿用。

## | 实践要点 |

本章紧接着上章来讲，虽然小人不忠不信有各种原因，君子也不要过分苛责，但这也不是纵容。如果因为不忠不信而做出伤天害理的大坏事，伤害到大众的身体乃至性命，那是不可容忍的。可见，上章所说的包容小人的不忠不信，只是针对小事而言。凡事都有个度，小人的不忠不信即使情有可原，也不可过度；君子的包容虽然难得，也不可走到纵容的地步。本章以张舍人发榜文告诫卖假药的例子，生动地阐明了这两个方面。

# 2.43 言貌重则有威

市井街巷，茶坊酒肆，皆小人杂处之地。吾辈或有经由，须当严重其辞貌，则远轻侮之患。或有狂醉之人，宜即回避，不必与之较可也。

## | 今译 |

大街小巷、茶馆酒馆，都是小人杂处的地方。我们有时或者会经过，应当言辞容貌庄重些，这样就可以远离轻视侮辱之患。如或遇到轻狂酒醉的人，应该马上回避，不必跟他计较。

## | 实践要点 |

本章将画面切换到一些特殊场景。孔子说："君子不重则不威。"(《论语·学而》)。在一些小人杂处的地方，自己言语状貌应当自重，这样就会有威严，也可以避免小人的轻忽侮辱。

# 2.44　衣服不可侈异

衣服举止异众，不可游于市，必为小人所侮。

## ｜　今译　｜

穿衣打扮、言行举止与众不同，不可以在街市游走，否则必定会为小人所羞辱。

## ｜　实践要点　｜

本章接着上章来谈。上章从正面来说君子在市井之地要自重，本章则从反面来说，如果穿衣举止与众不同，就不要游走于市井之地，否则必定会被小人羞辱。

# 2.45　居乡曲务平淡

居于乡曲，舆马衣服不可鲜华。盖乡曲亲故，居贫者多，在我者揭然异众，贫者羞涩，必不敢相近，我亦何安之有！此说不可与口尚浮臭者言。

## │ 今译 │

住在乡里，车马衣服不可以光鲜华丽。因为乡里的亲戚故旧贫困的居多，如果我公然与众不同，贫困的人感到羞愧，必定不敢相亲近，而我自己又于心何安？不过这话不能跟乳臭未干、自以为是的人说。

## │ 实践要点 │

本章接着上章，进一步讲到在乡里居住，衣服车马不要光鲜华丽，与众不同。否则，虽然不会像在市井之地被小人羞恶，但乡人也不敢亲近了。

# 2.46　妇女衣饰务洁净

妇女衣饰，惟务洁净，尤不可异众。且如十数人同处，而一人衣饰独异，众所指目，其行坐能自安否？

## ｜ 今译 ｜

妇女的衣着打扮只要追求整洁干净，尤其不可与众不同。就如十几个人共处，独有一人衣着打扮很独特，众人都眼盯着看，那这个人坐立还能够自安吗？

## ｜ 实践要点 ｜

本章接着前面几章，再讲到妇女的衣着打扮，尤其不可与众不同。

# 2.47　礼义制欲之大闲

饮食，人之所欲，而不可无也，非理求之，则为饕[1]为馋；男女，人之所欲，而不可无也，非理狎之，则为奸为滥；财物，人之所欲，而不可无也，非理得之，则为盗为赃。人惟纵欲，则争端起而狱讼兴。圣王虑其如此，故制为礼，以节人之饮食男女；制为义，以限人之取与。君子于是三者，虽知可欲而不敢轻形于言，况敢妄萌于心？小人反是。

| 今译 |

　　饮食，是每个人的自然欲望，不可以没有，但如果不合理地追求，那就是贪吃嘴馋了；男女之情，是每个人的自然欲望，不可以没有，但如果不合理地亲近，那就是奸淫放纵了；财物，是每个人的自然欲望，不可以没有，但如果不合理地获取，那就是偷盗贪赃了。人因为放纵欲望，所以引起争端、打起官司。圣王担心人民这样，所以制定礼数，以节制人的饮食男女之欲，制定道义，以限制人的求取和给予。君子对于饮食、男女、财物这三者，虽然知道那是可欲求的，

但也不敢轻率说出自己的欲望，又怎么敢胡乱地心中萌生呢？小人则相反。

## | 简注 |

① 饕：即饕餮（tāo tiè），传说中的一种凶恶贪食的野兽，古代铜器上面常用它的头部形状做装饰。这里比喻贪吃的人。

## | 实践要点 |

本章讨论欲望及其限制的问题。饮食、男女、财物，是人的本能欲望，不可或缺。但是要合理、有节度地追求，也就是要讲求礼义。礼义，正是对欲望的恰当限制。

# 2.48　见得思义则无过

圣人云："不见可欲，使心不乱。"①此最省事之要术。盖人见美食而必咽，见美色而必凝视，见钱财而必起欲得之心，苟非有定力者，皆不免此。惟能杜其端源，见之而不顾，则无妄想；无妄想，则无过举矣。

| 今译 |

圣人说：不要见到可欲求的东西，使心不乱。这是最省事的要诀。人见到美食就必定会咽口水，见到美色就必定会盯着看，见到钱财就必定会起贪得之心，如果不是有定力的人，都不免这样。唯有在发端根源上杜绝，对它们视而不见，就不会有妄想。没有妄想，就不会有过失的举动了。

| 简注 |

① 不见可欲，使心不乱：语出《老子》第 3 章。指不要让民众见到可欲求

的、会产生贪欲的东西，使民众的心不紊乱。

本章可以和上章对照阅读。上章是从积极方面对欲望作出合理的节制，本章则从消极方面切断欲望产生的根源。现实生活中，常常是两种方式都运用。当然要注意的是，后一种方式，也不能走到极端，还是要以礼义为根据。

# 2.49 人为情惑则忘返

子弟有耽于情欲，迷而忘返，至于破家而不悔者，盖始于试为之，由其中无所见，不能识破，遂至于不可回。

## | 今译 |

有的家中子弟沉溺于情欲，迷恋忘返，以至于破败家业都不后悔。这是始于尝试做那样的事，由于内心一无所见，不能识破，才走到不可挽回的地步。

## | 实践要点 |

本章谈到一个生活中常见的现象。有的子弟为情欲所困，陷入其中而不能自拔。关键还在于从小培养良好的性情和健康的心智，识破情欲的牢笼。

# 2.50　子弟当谨交游

世人有虑子弟血气未定，而酒色博弈之事得以昏乱其心，寻至于失德破家，则拘之于家，严其出入，绝其交游，致其无所见闻，朴野蠢鄙，不近人情。殊不知此非良策，禁防一驰，情窦顿开<sup>①</sup>，如火燎原，不可扑灭。况拘之于家，无所用心，却密为不肖之事，与出外何异？不若时其出入，谨其交游，虽不肖之事，习闻既熟，自能识破，必知愧而不为。纵试为之，亦不至于朴野蠢鄙，全为小人之所摇荡也。

世人有担心家中子弟年少，血气未定，酒色赌博之事会搞得他们内心昏乱，以至于丧失德性、破败家业，于是把他们关在家里，严格控制他们出门，禁绝他们跟人交往，导致他们没什么见识，朴实粗野、蠢笨粗鄙，处事不近人情。殊不知这并非好办法，禁令防备一旦松懈，情窦初开，那就会如星火燎原，扑都扑不灭。何况把他们关在家里，整天无所用心，却私下里做不肖之事，这跟外出又有什么分别呢！不如让他们适时出外，慎重地跟人交往，即使是不肖之事，听久熟悉了，自然能识破其中道理，必定知道羞愧而不肯去做。纵使尝试去做，也不至于朴实粗野、蠢笨粗鄙，完全被小人所左右。

## ｜ 简注 ｜

① 顿开：底本原作"头开"，据知不足斋本改。

## ｜ 实践要点 ｜

一般家庭抚养子弟，要么让他们跑到外面学坏了性子，要么把他们关在家里关出了问题。前者非常明显不合理，后者的问题则更加隐蔽，本章作者就着重讨论后面这种现象，并最后给出建议：让家中子弟适时出外，谨慎交游，既保有健康的性情，又打开视野、增长见识。

# 2.51 家成于忧惧破于怠忽

起家之人，生财富庶，乃日夜忧惧，虑不免于饥寒。破家之子，生事日消，乃轩昂自恣，谓不复可虑。所谓"吉人凶其吉，凶人吉其凶"，此其效验，常见于已壮未老、已老未死之前。识者当自默喻。

## | 今译 |

创业发家的人，生意兴旺发达，还日夜担忧恐惧，顾虑着不免饥寒冻饿。破败家业的孩子，产业日渐衰落，却高傲放纵，声言再没什么可顾虑的。所谓"吉人以吉为凶，凶人以凶为吉"，他们各自的结果效验，常常在壮年未老、年老未死之前就见到。有识之人应当自己默默琢磨透这个道理。

## | 实践要点 |

此下几章讲维持家业的问题。《孟子》曾说："生于忧患，而死于安乐。"修身和齐家，都是一样的道理。真正明白了这个，就会收敛自己，而不敢骄傲放纵了。

# 2.52　兴废有定理

起家之人，见所作事无不如意，以为智术巧妙如此。不知其命分偶然，志气洋洋，贪多图得。又自以为独能久远，不可破坏。岂不为造物者所窃笑！盖其破坏之人或已生于其家，曰"子"曰"孙"，朝夕环立于侧者，皆他日为父祖破坏生事之人，恨其父祖目不及见耳。前辈有建第宅，宴工匠于东庑①，曰："此造宅之人。"宴子弟于西庑，曰："此卖宅之人。"后果如其言。近世士大夫有言："目所可见者，谩尔②经营；目所不及见者，不须置之谋虑。"此有识君子，知非人力所及，其胸中宽泰，与蔽迷之人如何？

---

| 今译 |

　　创业发家的人看到所做的事全都顺心如意，就以为是自己的智慧方法多么高超巧妙，而不知道那只是命分中偶然如此，因此洋洋得意，贪多务得，又自以为唯独自己的事业能够长久不衰，这难道不会被造物者所暗中讥笑吗！那破败家业

的人或许已生在家里，叫做"子"或者"孙"，从早到晚环绕着站在旁边的人，都是日后给父亲祖父破败家业生起事端的人，只恨父亲祖父不能亲眼见到而已。有个前辈建造了一栋屋宅，在东边廊屋宴请工匠，说："这些是建造屋宅的人。"在西边廊屋宴请家中子弟，说："这些是出卖屋宅的人。"后来果然如其所言。近世士大夫有一段言论："能亲眼看到的，就随意筹划营治；亲眼所见不到的，就不须谋划操心。"此乃有见识的君子，智慧非人力所能达到，其心胸宽阔泰然，蒙蔽迷惑的人与之相比，差得有多远呢？

## | 简注 |

① 东庑（wǔ）：正房东边的廊屋。古代以东为上首，位尊。
② 谩尔：犹言聊复尔尔，指随意貌。谩，通"漫"。

## | 实践要点 |

本章接着上章，讨论以怎样的姿态来对待家业兴旺，认为不当"志气洋洋，贪多图得"。其中所说的宴请故事，令人叹息，也启人深思。

## 2.53　用度宜量入为出

　　起家之人易于增进成立者，盖服食、器用及吉凶百费，规模浅狭，尚循其旧，故日入之数多于已出，此所以常有余。富家之子易于倾覆破荡者，盖服食、器用及吉凶百费，规模广大，尚循其旧。又分其财产，立数门户，则费用增倍于前日。子弟有能省悟，远谋损节犹虑不及；况有不之悟者，何以支梧<sup>①</sup>乎？古人谓"由俭入奢易，由奢入俭难"，盖谓此尔。大贵人之家，尤难于保成。方其致位通显，虽在闲冷，其俸给亦厚，其馈遗亦多。其使令之人满前，皆州郡廪给<sup>②</sup>。其服食、器用虽极于华侈，而其费不出于家财。逮其身后，无前日之俸给、馈遗、使令之人，其日用百费，非出家财不可。况又析一家为数家，而用度仍旧，岂不至于破荡！此亦势使之然。为子弟者各宜量节。

/

创业发家的人容易增进收益、建立事业，这是因为衣服、饮食、器用以及红白喜事等日用花销规模浅小，还依照从前贫困时那样，每天的收入多于每天的支出，所以经常有盈余。富人家的孩子容易破家荡产，这是因为衣服、饮食、器用以及红白喜事等日用花销规模广大，还依照从前富有时那样。又分析家产成立几个门户，于是费用比之前还增多几倍。子弟有能反省醒悟的，做长远谋划，都恐怕来不及；何况还有不觉悟的人，又凭借什么来支撑下去呢？古人说"从节俭到奢侈容易，从奢侈到节俭困难"，大概说的就是这个。大为显贵之家尤其难以维持。在其位高显贵的时候，即使是做冷门闲职的，俸禄也优厚，礼物馈赠也很多。供其使唤的人环绕跟前，都是郡官府的公职人员。其衣服、饮食、器用哪怕极端奢侈，也不要自家出费用。等到自己亡故后，再没有从前那样的俸禄、馈赠、使唤的人，日用花销非用家财不可。何况又把一个大家分为几个家，但用度还像从前一样，怎么能不倾家荡产呢？这也是趋势使然。为人子弟各自应该量入为出、节制用度。

| 简注 |

/

① 支梧：支持、支撑。
② 廪给：俸禄；薪给。这里指州郡官府的公职人员。

本章接着上两章，讨论两代之间家庭支出对家业造成的不同影响。就如北宋著名政治家和史学家司马光说："由俭入奢易，由奢入俭难。"家业初创时，家庭收入路径多样，而花销的规模还小，但同时常常已渐渐形成奢侈的生活方式；等到门户做大、子弟众多，收入减少，而花销却不断增加，这时如果不节俭，尾大不掉，家庭就容易走向破败。为人子弟应该明白这个道理。

# 2.54 起家守成宜为悠久计

人之居世，有不思父祖起家艰难，思与之延其祭祀；又不思子孙无所凭藉，则无以脱于饥寒。多生男女，视如路人，耽于酒色，博弈游荡，破坏①家产，以取一时之快，此皆家门不幸。如此，冒干刑宪，彼亦不恤，岂教诲、劝谕、责骂之所能回！置之无可奈何而已。

## | 今译 |

有的人活在世上，不念父亲祖父兴家立业的艰难，想着要延续其祭祀，又不念子孙没有凭借则无法摆脱饥寒冻饿。因此生了很多男孩女孩，像路人一样看待他们；沉溺于酒色、赌博和游玩、浪荡之中，破家荡产，以求取一时的快乐，这些都是家门不幸。像这样，即使触犯刑罚法律，他们也不忧虑，又怎么可能通过教诲、劝告、责骂来让他们回头呢！对此唯有无可奈何而已。

① 破坏：底本无此二字，据知不足斋本补。

## | 实践要点 |

　　本章接着上章来家业维持的问题。有的人家子弟不顾念祖上创立家业的艰难、子孙后代的生活依靠，就会难以做到像上一章所讲的那样量入为出、节俭用度，而是享乐游荡，走到破家荡产的地步。

# 2.55　节用有常理

人有财物，虑为人所窃，则必缄縢扃鐍①，封识之甚严；虑费用之无度而致耗散，则必算计较量，支用之甚节。然有甚严而有失者，盖百日之严，无一日之疏，则无失；百日严而一日不严，则一日之失与百日不严同也。有甚节而终至于匮乏者，盖百事节而无一事之费，则不至于匮乏；百事节而一事不节，则一事之费与百事不节同也。所谓百事者，自饮食衣服、屋宅园馆、舆马仆御、器用玩好，盖非一端。丰俭随其财力，则不谓之费；不量财力而为之，或虽财力可办，而过于侈靡，近于不急，皆妄费也。年少主家事者，宜深知之。

| 今译 |

人拥有财物，担心被人偷窃，就紧锁箱柜，用绳索捆绑起来，贴上封条、写上标志，非常严密；担心日用花销没有节度而导致财物耗散，就精打细算，支出用度非常节俭。但是也有非常严密却仍有所丢失的，因为严防一百天，没有一

天疏忽，就不会有丢失；严防一百天，却有一天疏忽，那么因一天疏忽而有丢失，跟因一百天都疏忽而丢失，结果是一样的。也有人非常节俭，但最后还是家财匮乏的，因为一百件事都节俭，没有一件事浪费，就不会匮乏；如果一百件事节俭，却有一件事不节俭，那么一件事不节俭的浪费，跟一百件事都不节俭是一样的。所谓一百件事，就是饮食、衣服、房屋、园林馆舍、车马、仆人差役、器具、兴趣玩好等等，并非只有一种。在这些事情上，或丰厚或节俭都按自家财力来做，就不叫浪费；不按自家财力来做，或是虽然财力充足却过于奢侈浪费，早早做不紧要的事，都是胡乱花费。年少而主持家事的人，应该深深知晓这一点。

## ∣ 简注 ∣

／

① 缄縢扃鐍：语出《庄子·胠箧》："将为胠箧、探囊、发匮之盗而为守备，则必摄缄、縢，固扃、鐍，此世俗之所谓知也。然而巨盗至，则负匮、揭箧、担囊而趋，唯恐缄、縢、扃、鐍之不固。然则乡之所谓知者，不乃为大盗积者也？"缄、縢：绳子；扃、鐍：箱柜上加锁的关钮。将紧锁的箱柜用绳索捆绑起来以防盗贼。后比喻固守政策。

## ∣ 实践要点 ∣

／

本章接着前面几章，进一步讨论节俭的方式。其中指出两种有问题的节俭：一是"有甚严而有失者"，二是"有甚节而终至于匮乏者"。个中缘由值得深思。

# 2.56　事贵预谋后则时失

中产之家，凡事不可不早虑。有男而为之营生，教之生业，皆早虑也。至于养女，亦当早为储蓄衣衾、妆奁①之具，及至遣嫁，乃不费力。若置而不问，但称临时，此有何术？不过临时鬻田庐，及不恤女子之羞见人也。至于家有老人，而送终之具不为素办，亦称临时，亦无他术，亦是临时鬻田庐，及不恤后事之不如仪也。今人有生一女而种杉万根者，待女长，则鬻杉以为嫁资，此其女必不至失时也。有于少壮之年置寿衣、寿器、寿茔②者，此其人必不至三日五日无衣无棺可敛，三年五年无地可葬也。

## 今译

中产家庭，做什么事都不可不趁早考虑。家里有男孩，给他找一份生计，教他生财兴业的方法，这些都要趁早考虑。至于家里有女孩，也要趁早为她备好衣服被子、梳妆用具，等到让她出嫁时，才不用费力。如果对这些事置之不理，只说临时再做，这实际上又有什么办法呢？不过是临时变卖田地房屋，或者不顾惜女儿因嫁妆少而羞于见人。至于家里有老人，而送终的物资不提前置办，也说临时再做，也没有别的办法，也只是临时变卖田地房屋，或者不顾惜丧事办得不合礼仪。如今的人有生一个女儿就种万棵杉树的，等到女儿长大，就卖掉杉树做嫁妆，这样其女儿必定不会迟迟嫁不出去；有在年少健壮时置办寿衣、寿器、坟墓的，这样的人必定不会去世后三五天都没有寿衣棺材可用、三五年都没有地方可以埋葬。

| **简注** |

①　妆奁（lián）：女子梳妆用的镜匣。也指嫁妆。
②　寿茔（yíng）：生时所作的坟墓。

| **实践要点** |

本章可以与 1.64 章对照阅读。《中庸》说："凡事豫则立，不豫则废。"前面那章讲到遗嘱应当预先立好，本章则特别谈到中产之家行事要预先做考虑，无论是教家里儿子学好营生的技艺、为女儿准备嫁妆、为老人准备好送终之具，都要趁早准备。

# 2.57　居官居家本一理

居官当如居家，必有顾藉；居家当如居官，必有纲纪。

## ｜　今译　｜

为官应当像在家一样，必须要有所顾惜、顾忌；居家应当像为官一样，必须要有纲纪、法度。

## ｜　实践要点　｜

本章当和前面 2.40 章对照来读。这两章都讨论到，居官和居家有相通的道理。

# 2.58　子弟当习儒业

　　士大夫之子弟，苟无世禄可守，无常产可依，而欲为仰事俯育①之计，莫如为儒②。其才质之美，能习进士业者，上可以取科第、致富贵，次可以开门教授，以受束脩之奉。其不能习进士业者，上可以事笔札，代笺简之役，次可以习点读，为童蒙之师。如不能为儒，则巫医、僧道、农圃、商贾、伎术，凡可以养生而不至于辱先者，皆可为也。子弟之流荡，至于为乞丐、盗窃，此最辱先之甚。然世之不能为儒者，乃不肯为巫医、僧道、农圃、商贾、伎术等事，而甘心为乞与、盗窃者，深可诛也。凡强颜于贵人之前，而求其所谓应副；折腰于富人之前，而托名于假贷；游食于寺观而人指为穿云子，皆乞丐之流也。居官而掩蔽众目，盗财入己；居乡而欺凌愚弱，夺其所有；私贩官中所禁茶、盐、酒、酤之属，皆窃盗之流也。世人有为之而不自愧者，何哉！

/

　　士大夫家的子弟，如果没有世袭俸禄可以守着，没有固定产业可以依赖，还想望能够侍奉父母、养育妻儿，那不如做个儒生。其中，才华资质比较好、可以学习进士举业的人，最好的是可以考取科举、获得富贵，其次也可以开门授徒，接受学生的学费来供养家庭；那些不能学习进士举业的人，最好的是可以做秘书、代人写文书，其次也可以学习标点句读，做孩童的老师。如果做不了读书人，那么巫医、僧人道士、农夫园丁、商人、技术工匠，凡是可以维持生计又不至于有辱先人的工作，都可以去做。子弟游手好闲，以至于做乞丐、盗贼，这是最有辱先人的事。但是世上做不了读书人的人，又不肯做医生、僧人道士、农夫园丁、商人、技术工匠等职业，而情愿去做乞丐、盗贼，这是应该痛加谴责的。凡是在权贵面前强颜欢笑，以求取照顾周济；在富人面前卑躬屈膝，托名为借贷钱物；在寺庙道观里不劳而食，而被人称为"穿云子"，这些人都是乞丐一类的人。为官却掩人耳目，中饱私囊；住在乡里就欺凌愚笨弱势的人，夺取他们的财物；私自贩卖国家禁卖的茶、盐、酒等物品，这些人都是盗贼一类的人。世人却有这么做而不惭愧的，真不明白是为什么啊！

| 简注 |

/

　　① 仰事俯育：同"仰事俯畜"。语出《孟子·梁惠王上》："是故明君制民之产，必使仰足以事父母，俯足以畜妻子。"后因以"仰事俯畜"谓对上侍奉父母，

对下养育妻儿。亦泛指维持全家生活。

② 儒：儒生，通儒家经书的人、读书人。

## | 实践要点 |

本章作者建议，那些没有继承高官禄位或固定家业的子弟，比较好的职业选择就是做儒生或读书人，这样上能考取功名，中能开门授徒，下能执笔写录、做儿童教师；如果做不了读书人，其他职业也可以选择，总之都能维持生计，上养父母，下养妻儿。而乞丐、盗贼则万万不能做。最后，作者还谈到两种特别的"乞丐"和"盗贼"，读来真令人深思。今天对于职业的选择，已跟古代有所不同，读书不是唯一的选择。但是，无论做什么职业，做一个有道德、有修养的人，仍然是共同的要求和期待。

# 2.59　荒怠淫逸之患

凡人生而无业，及有业而喜于安逸，不肯尽力者，家富则习为下流，家贫则必为乞丐。凡人生而饮酒无算，食肉无度，好淫溢，习博弈者，家富则致于破荡，家贫则必为盗窃。

## ｜ 今译 ｜

凡是人活在世上却没有正当职业，或者虽有职业却喜欢安逸、不肯尽力做事，那么如果家庭富有，他就会变成劣等之人；如果家庭贫困，他就会变成乞丐。凡是人活在世上却沉溺于酒、肉、色、赌的人，如果家庭富有，他就会倾家荡产；如果家庭贫困，他就会成为盗贼。

## ｜ 实践要点 ｜

本章接着上章，进一步讨论有些人沦为"乞丐、盗贼"（以及与之相类似的卑贱之人、破家之子）的缘由和过程。无论贫富，如果安逸或放纵，总会落得不好的下场，令人警醒。

# 2.60　周急贵乎当理

人有患难不能济，困苦无所诉，贫乏不自存，而其人朴讷怀愧，不能自言于人者，吾虽无余，亦当随力周助。此人纵不能报，亦必知恩。若其人本非窘乏，而以干谒①为业，挟持②便佞之术，遍谒贵人富人之门，过州干州，过县干县，有所得则以为己能，无所得则以为怨仇，在今日则无感德之心，在他日则无报德之事。正可以不恤不顾待之，岂可割吾之不敢用，以资人之不当用？

---

| **今译** |

有的人遭遇祸患困难无法克服，困顿苦楚无处诉说，贫穷得无法维持生活，而这人又朴实木讷、心怀愧疚，不敢开口求人。这种情况下，我虽然也没有多余资财，也还是要尽力周济帮助他。这个人纵使不能回报，也必定会感恩。如果其人本来不是窘迫贫困，而是专门干谒求财，凭借花言巧语、逢迎巴结的方法，到处求见富贵人家，无论在州郡还是县城，都这样去求见，得到所求就认为是自己

有能力，得不到就跟别人结下仇怨；在当下没有感恩之心，在将来也不会报答别人的恩德。对这种人，正应该不加顾念怜悯，怎么能够把我不敢轻用的资财，拿去帮助不当使用这些资财的人呢？

## │ 简注 │

① 干谒：对人有所求而请见。底本原作"作谒"，今据知不足斋本改。
② 挟持：依仗、保持。底本作"挟挥"，今据知不足斋本改。

## │ 实践要点 │

本章讨论救助他人的原则，主要涉及两种情况：其一，如果对方确实有困难，其本人又羞于开口求人，那自己应当尽力相助；其二，如果对方并非困窘，只是花言巧语，到处巴结请托，那就不必顾念。

# 2.61　不可轻受人恩

居乡及在旅，不可轻受人之恩。方吾未达之时，受人之恩，常在吾怀，每见其人，常怀敬畏。而其人亦以有恩在我，常有德色①。及我荣达之后，遍报则有所不及，不报则为亏义。故虽一饭一缣②，亦不可轻受。前辈见人仕宦而广求知己，戒之曰："受恩多则难以立朝。"宜详味此。

## ｜ 今译 ｜

居住乡里以及客居他乡，不能够轻易接受别人的恩德。在我还没发达时，接受别人的恩德，心里常常想着，每次见到对方，常常心怀敬畏。而对方也因为对我有恩德，而常常表现出一副有恩德于我的神色来。等到我发达富贵之后，一一报答就会力所不及，不报答则在义上有所亏欠。所以即使是一口饭、一匹布，也不可轻易接受。前辈看到有人做官而广泛地寻求知己，就告诫他说："受人恩德多，就会难以在朝堂上立身。"应当细细地品味这个话。

① 德色：自以为对人有恩德而表现出来的神色。

② 缣（jiān）：双丝的细绢。

| 实践要点 |

本章可以和上章对照来读。上章谈到有一种人特别喜欢请托求见，巴结逢迎；本章则指出，除非迫不得已，不要轻易接受别人的恩惠。其中的考虑，可谓曲尽人情。

# 2.62  受人恩惠当记省

今人受人恩惠多不记省，而有所惠于人，虽微物亦历历在心。古人言："施人勿念，受施勿忘。"诚为难事。

## 今译

如今的人接受别人的恩惠，大多记不住，而自己施恩于人，哪怕是微小之物也记得一清二楚。古人说："施惠于人不要惦记着，受人恩惠不要忘记了。"这确实是难做到的事。

## 实践要点

本章接着上章来讲。恩惠不当轻易接受，但如果接受了，就要知恩图报。作者以对比的方式指出，有些人则相反，施予恩惠就印象深刻，接受恩惠就轻易忘记。这种现象值得反思。

## 2.63　人情厚薄勿深较

人有居贫困时，不为乡人所顾；及其荣达，则视乡人如仇雠。殊不知乡人不厚于我，我以为憾；我不厚于乡人，乡人他日亦独不记耶？但于其平时薄我者，勿与之厚，亦不必致怨。若其平时不与我相识，苟我可以济助之者，亦不可不为也。

| 今译 |

有的人贫困之时，不被乡人所照顾；等到他发达富贵之后，就把乡人看成像仇敌一样。殊不知乡人不厚待我，我觉得气恨；我不厚待乡人，难道乡人将来就不会记得吗？只须对那些平时薄待我的人，不要厚待他们，也不必跟他们结怨。如果有的乡人平时跟我本不相识，那么要是我可以救济帮助他们，也不能够不帮。

本章接着前面两章，讨论与此相对的另外一种情况。接受恩惠应当记得回报，但受到乡里人的薄待，则不必太过计较。自己富贵发达之后，遇到应当救助的乡人，还是要去救助。这样的人心胸开阔，常常可以做出大事。

这里可以看看《史记》所载淮阴侯韩信的故事，其中讲到他富贵之后对待三种人的方式。韩信小时候家里穷，曾在亭长家吃了几个月闲饭，最后被亭长的妻子设法赶走了；后来韩信在城下钓鱼，有位漂洗丝绵的大娘看到他很饥饿，就拿出饭给他吃，一连几十天都这样；淮阴城有少年侮辱韩信，说他是胆小鬼，并让韩信经受了胯下之辱。后来韩信做了诸侯王，回到老家，就召见那位大娘，赐给他千金；又赐给亭长百钱，并直接说："您是小人，做好事有始无终。"又召见那位当年侮辱过自己的年轻人，让他做了中尉，并跟将士们说："这是一位壮士。在侮辱我的时候，我难道不能杀死他吗？杀掉他就不能成就功名，所以我忍受一时的侮辱而成就今日的一番功业。"

# 2.64 报怨以直乃公心

圣人言"以直报怨"①，最是中道，可以通行。大抵以怨报怨，固不足道；而士大夫欲邀长厚之名者，或因宿仇纵奸邪而不治，皆矫饰不近人情。圣人之所谓"直"者，其人贤，不以仇而废之；其人不肖，不以仇而庇之。是非去取，各当其实。以此报怨，必不至递相酬复，无已时也。

／

圣人说："用正直之道对待跟自己有怨恨的人。"这是最合乎中道的做法，可以通行天下。大致来说，用怨恨来对待怨恨，固然不足为道，但是士大夫想要获取恭谨宽厚之名声的，或许会积蓄仇怨而不揭发、纵容奸邪之人而不惩治，这都是矫饰虚伪、不近人情的做法。圣人所说的"直"，是指那人贤能，就不因仇怨而不举荐他；那人不肖，也不因仇怨而庇护他。是与非、去与取，各各合乎实情。以这样的方式来对待怨恨，必定不至于无休止地转相报复。

/

① 以直报怨：孔子之言，语出《论语·宪问》："或曰：'以德报怨，何如？'子曰：'何以报德？以直报怨，以德报德。'"指用正直之道对待跟自己有怨恨的人。

/

本章发挥孔子"以直报怨"的名言，以之为可以普遍通行的中道。孔子不赞成"以德报怨"的回报方式，这样就无法有分别地回应德和怨了；当然孔子也不会赞同"以怨报怨"，所谓冤冤相报何时了；孔子是追求"以直报怨，以德报德"，这样德和怨就能各自得到应有的回应。作者解释了"直"的内涵，并特别点出一种不良现象：有的士大夫为了博得宽厚的好名声，最终纵容邪恶。这其实是虚伪的表现，不足为道。

# 2.65 讼不可长

居乡，不得已而后与人争，又大不得已而后与人讼。彼稍服其不然则已之，不必费用财物，交结胥吏，求以快意，穷治其仇。至于争讼财产，本无理而强求得理，官吏贪谬，或可如志，宁不有愧于神明？仇者不伏，更相诉讼，所费财物，十数倍于其所直。况遇贤明有司，安得以无理为有理耶？大抵人之所讼，互有短长，各言其长而掩其短，有司不明，则牵连不决，或决而不尽其情。胥吏得以受赇而弄法，蔽者之所以破家也。

## | 今译 |

／

居住在乡里，只有不得已之时才跟人相争，非常不得已之时才跟人诉讼。对方稍稍认清自家的不对，就停止争讼，不必耗费财物，贿赂小官，以求爽快，彻底查办别人的罪责。至于争讼财产，自己本来没道理却强求有道理，官吏贪婪，或许可以得志，但这样难道不会觉得有愧于神明吗？仇家不服气，转相诉讼，以致所耗费的财物，比所争的财产都要多十几倍。何况遇到贤明的官员，怎能容你没道理却强求有道理呢？大致来说，人们的诉讼互相都有有道理和理亏之处，各自只说有道理之处而掩盖自己理亏之处，官员没弄清楚，就牵连不断没有个了结，或者虽然了结却不尽合实情。于是小官吏得以从中受贿、舞文弄法，头脑糊涂的人就是由此而破家荡产的。

| **实践要点** |

／

本章可与 2.32 章对照来读。那里讲到责骂人、诉讼人要适可而止，不可过分纠缠不休。本章也讲到诉讼是不得已而为之的事情，不可长久不决，并给出更详细的分析。

## 2.66　暴吏害民必天诛

　　官有贪暴，吏有横刻，贤豪之人不忍乡曲众被其恶，故出力而讼之。然贪暴之官，必有所恃，或以其有亲党在要路，或以其为州郡所深喜，故常难动摇。横刻之吏，亦有所恃，或以其为见任官之所喜，或以其结州曹吏之有素，故常无忌惮。及至人户有所诉，则官求势要之书以请托①，吏以官库之钱而行赂，毁去簿历，改易案牍。人户虽健讼，亦未便轻胜。兼论诉官吏之人，又只欲劫持官府，使之独畏己，初无为众除害之心。常见论诉州县官吏之人，恃为官吏所畏，拖延税赋不纳。人户有折变②，己独不受折变；人户有科敷③，己独不伏科敷。睨立庭下，抗对长官；端坐司房，骂辱胥辈；冒占官产，不肯输租；欺凌善弱，强欲断治；请托公事，必欲以曲为直；或与胥吏通同为奸，把持官员，使之听其所为，以残害乡民。如此之官吏，如此之奸民，假以岁月，纵免人祸，必自为天所诛也。

／

　　官员中有贪婪残暴的，小吏中有蛮横惨刻的，贤明豪杰之人不忍心乡曲小民遭受他们的恶行，所以出力起诉他们。但是贪婪残暴的官员必定有其靠山，或是有亲戚朋党身居高位，或是为州郡长官所深深喜爱，所以经常难以动摇。蛮横惨刻的小吏，也有靠山，或是为现任官员所喜爱，或是跟州郡的属吏素有结交，所以常常无所忌惮。等到民户有所诉讼，那么官员就会求取高官的书信来走门路，小吏用官府的钱财来行贿，毁掉记录，篡改文档。民户即使善于打官司，也未必能轻易胜利。而且起诉官吏的人又只是想要劫持官府，让官府唯独畏忌自己，本无为民众除害的心。常常见到起诉州县官吏的人，倚仗着为官吏所畏忌，就拖延税赋不缴纳。民户有改征他物，他自己独独不用改征他物；民户有摊派，他自己独独不用承担摊派。傲视着站立在公堂之下，对抗长官；端坐在刑房，辱骂胥吏小辈；冒领霸占官府田产，不肯输纳租税；欺凌善良弱小之人，强迫欲求判决处治；在公事上走门路，一定想要以曲为直；或是和胥吏一同狼狈为奸，把控挟持官员，让他听凭自己为所欲为，以此来残害乡里小民。像这样的官吏，这样的奸民，假以时日，纵使免除人祸，也必定要遭天谴。

／

① 请托：以私事相嘱托；走门路，通关节。
② 折变：宋代指所征实物以等价改征他物。

③ 科敷: 犹科派, 指摊派力役、赋税或索取钱财。

## ┃ 实践要点 ┃

本章可与上章对照来读。上章从民众的角度提出, 民众不可陷在打官司中, 长久不决只会对自己不利; 本章则从官吏和奸民的双重角度指出, 贪婪残暴的官员, 蛮横惨刻的小吏, 以及谋取私利的奸民, 都是不可取的, 都会遭到应得的惩罚。

# 2.67　民俗淳顽当求其实

　　士大夫相见，往往多言某县民淳，某县民顽。及询其所以然，乃谓见任官赃污狼籍，乡民吞声饮气而不敢言，则为淳；乡民列其恶，诉之州郡监司，则为顽。此其得顽之名，岂不枉哉？

　　今人多指奉化县为顽，问之奉化人，则曰："所讼之官皆有入己赃，何谓奉化为顽？"如黄岩等处人言皆然，此正圣人所谓"斯民也，三代之所以直道而行也"①，何顽之有？

　　今具其所以为顽之目：应纳税赋而不纳，及应供科配②而不供，则为顽；若官中因事广科，从而隐瞒，其民户不肯供纳，则不为顽。官吏断事，出于至公，又合法意，乃任私忿，求以翻异，则为顽；官吏受财，断直为曲，事有冤抑，次第陈诉，则不为顽。官员清正，断事自己，豪横之民无所行赂，无所措谋，则与胥吏表里撰合语言，妆点事务，妄兴论讼，则为顽；若官员与吏为徒，百般诡计，掩人耳目，受接贿赂，偷盗官钱，人户有能出力，为众论诉，则不为顽。

　　士大夫相见，往往多谈论某县的民众淳朴，某县的民众顽劣。等到询问为什么淳朴、顽劣，则说现任官员贪污、名声不好，而乡里民众吞声忍气，不敢声言，就叫淳朴；乡里民众条列官员的恶行向州郡监察机构起诉，就叫做顽劣。民众因为这样而得到顽劣的名声，岂不是很冤枉？

　　如今的人多指奉化县的民众为顽劣，向奉化人打听探问，则说："我们所起诉的官员自己都有收受赃款，怎么能说奉化人为顽劣？"诸如黄岩等地方的人也这么说，这正是圣人所说的"夏商周三代的老百姓都是这样做的，所以三代能够按照正道来行动"，哪里有什么顽劣呢？

　　现在不妨详细列举真正是顽劣的那些行径：应当纳税却不缴纳，以及应该提供临时加税却不提供，就叫做顽劣；但如果官府因事广增摊派赋税，又隐瞒所得，其民户不肯提供缴纳，则不叫做顽劣。官吏判断案件，出于至公之心，又合乎法律本意，民众却听任私忿，想要翻案，就叫做顽劣；但如果官吏收受财物，颠倒是非，事情有冤屈，因此民众一级级上诉，则不叫做顽劣。官员清廉公正，自主判断案件，豪强顽劣的民众无法行贿，无法使计谋，于是伙同胥吏一表一里杜撰言语，修饰事务，妄自兴起诉讼，就叫做顽劣；但如果官员与胥吏同流合污，千方百计掩人耳目，接受贿赂，偷窃官府钱财，民户能够出力为大众而起诉官吏，则不叫做顽劣。

① 斯民也，三代之所以直道而行也：孔子之言，语出《论语·卫灵公》：
"曰：'吾之于人也，谁毁谁誉？如有所誉者，其有所试矣。斯民也，三代之所以
直道而行也。'"孔子说："我对于别人，诋毁过谁？赞美过谁？如果有所赞美的，
那是经过一定考验的。夏商周三代的老百姓都是这样做的，所以三代能够按照正
道来行动。"

② 科配：指官府摊派正项赋税外的临时加税。

| 实践要点 |

本章指出，对民风民俗的评定应该采取合适的标准，而不能只从士大夫的偏
私角度来看待。其中形象地辨析了有关民风是否"顽劣"——用今天的话说，即
是否为"刁民"——的两种不同现象：其一是为了自私利益而罔顾公家利益，采
取违法的行径而谋取私利，这是真正的顽劣；其二是抵制官府的不正当措施，勇
于揭发官吏的违法行径，奋勇抗争以谋取大众的正当利益，这样则不能叫做顽
劣。即使在今天，也有这两种人，应当加以分别。

# 2.68 官有科付之弊

县、道①有非理横科，及预借②官物者，必相率而次第陈讼。盖两税③自有常额，足以充上供④、州用县用；役钱⑤亦有常额，足以供解发支雇。县官正己以率下，则民间无隐负不输，官中无侵盗妄用，未敢以为有余，亦何不足之有！

惟作县之人不自检己，吃者、着者、日用者，般挈往来，送遗结托，置造器用，储蓄囊箧，及其他百色之须，取给于手分⑥、乡司⑦。为手分、乡司者，岂有将己财奉县官，不过就薄历之中，恣为欺弊；或揽人户税物而不纳；或将到库之钱而他用；或伪作过军、过客券旁，及修葺廨舍，而公求支破；或阳为解发而中途截拨⑧。其弊百端，不可悉举。县官既素受其污唉，往往知而不问；况又有懵然不晓财赋之利病；及晓之者，又与之通同作弊。一年之间，虽至小邑，亏失数千缗⑨，殆不觉也。于是有横科预借之患，及有拖欠州郡之数。及将任满，请托关节以求脱去，而州郡遂将积欠勒令后政补偿。夫前政以一年财赋不足一年支解，为后政者岂能以一年财赋补足数年财赋？故于前政预借钱物，多不认理，或别设巧计，阴夺民财，以求补足旧欠，其祸可胜言哉！

大凡居官莅事，不可不仔细，猾吏奸民尤当深察。若轻信吏人，则彼受乡民遗赂，百端撰造，以曲为直，从而断决，岂不枉哉！间有子弟为官懵然不晓事理者，又有与吏同贪，虽知其是否而妄决者，乡民冤抑莫伸。仕官多无后者以此。盍亦思上之所以责任我者何意？而下之所以赴愬于我者，正望我以伸其冤抑，我其可以不公其心哉！凡为官吏当以公心为主，非特在己无愧，而子孙亦职有利矣！

## 今译

县道中有蛮横无理滥征赋税和向民间预先借支官家财物的，民众必定依次相继起诉。因为两税本来有恒定的额度，足以供给中央和地方州县的用度；代替劳役的税钱也有恒定的额度，足以供给差役的起解发送和雇用。县官端正自己来率领下属，则民间没有隐情不输入官府，官府中没有侵犯偷盗胡乱使用，不敢说一定有剩余，但又哪里会有不足呢！

只因县官自己不检点，吃穿日用都从官府里拿，或馈赠送人、结交请托，置办器用，储存袋子箱子，以及其他各色需求，都从官府差役、管事者中拿取。做官府差役、管事者的，难道会拿私财来侍奉县官？不过在官府文档中任意欺瞒作弊；或是收取民户的税物而不向上面缴纳；或是将进到府库的钱财挪作他用；或是伪造犒劳军士、来客的票券，以及修葺官署，以此来套取公家钱财；或是表面上是起解发送，而中途又截留调拨。凡此种种，有诸多弊端，无法一一列举。县官既已素来收受贿赂，往往知道却不过问，何况又有懵然不懂财富利病的。而那些懂得的，又与下属一同狼狈为奸。一年之间，即使是小地方，也会亏失数千串铜钱，也没人发觉。于是就有蛮横无理滥征捐税和向民间预先借支赋税的祸患，以及拖欠州郡的数额。等到任期将满，就走门路通关节，以求脱去责任，于是州郡就将积累欠下来的数额勒令继任县官补偿。前任县官以一年的财赋都不足以提供一年的支出，继任县官又怎能以一年的财赋来补足数年的财赋呢？所以对于前任县官向民间预先借支的赋税多不认，或是另外设巧计暗中夺取民众财产，以求补足过去欠下的数额，其中的祸患真是多得不可胜数！

大凡做官办事，不可不仔细，对于那些奸猾的小吏、民户尤其要深察。如果轻信小吏，那只要他们收受乡民的贿赂，就会进行各种捏造，颠倒是非，官员以此来判断案件，岂不造成冤枉！间或有子弟做官懵然不懂事理的，又有跟小吏同流合污，虽知道是非而妄加判决的，乡民冤屈无法得到伸张。出仕官员多因此而没有后代。为什么不想想主上之所以责求任用我，用意何在？而下民之所以来我这里奔走求告，正是希望我来伸张他们的冤屈，我怎么能够不以公心判决呢！凡做官吏的，应当以公心为主，不仅自己于心无愧，子孙后代也会受益。

① 县、道：汉制，邑有少数民族杂居者称道，无者称县。

② 预借：指官府向民间预先借支各种赋税。

③ 两税：夏税和秋税的合称。

④ 上供：唐宋时所征赋税中，从地方向中央输送的部分。

⑤ 役钱：代替劳役的税钱。宋制，凡应服劳役者可输钱免役。

⑥ 手分：宋时州县雇募的一种差役。

⑦ 乡司：旧时一乡中管理杂事的人，略同于社长、里正等。

⑧ 截拨：截留调拨。

⑨ 缗：古代计量单位。钱十缗，即十串铜钱，一般每串一千文。

| 实践要点 |

本章主要讨论官府滥征捐税、预支赋税的蛮横行径，以及由此导致的一连串弊端。并在最后呼吁官吏当以"公心"为主。作者所言可谓苦口婆心，曲尽人情。

卷三

治家

# 3.1 宅舍关防贵周密

人之居家，须令垣墙高厚，藩篱周密，窗壁门关坚牢。随损随修，如有水窦<sup>①</sup>之类，亦须常设格子，务令新固，不可轻忽。虽窃盗之巧者，穴墙剪篱，穿壁决关，俄顷可办，比之颓墙败篱、腐壁敞门以启盗者，有间矣。且免奴婢奔窜，及不肖子弟夜出之患。如外有窃盗，内有奔窜及子弟生事，纵官司为之受理，岂不重费财力？

---

| 今译 |

人之居家，需要让屋墙高厚一些，篱笆围栏周密一些，窗户、壁门关得严实牢固一些。损坏后即时修理，如果有水出入的孔道，也需要常设置格子，务必是新做而坚固的，不可轻忽。这样，即使是灵巧的盗贼，穿墙破壁，剪开篱笆，打开关口，一会儿工夫就能搞定，但比起破败的墙壁、篱笆，腐坏的门窗而把盗贼招引来，还是有所不同的。而且也避免奴婢奔逃和不肖子弟夜晚偷偷溜出的祸患。如果外面有盗贼进来，里面有奴婢奔逃和子弟溜出惹事，纵然官府受理，难道不也很浪费财力吗？

① 水窦：水道；水之出入孔道。

## | 实践要点 |

本章是卷三"治家"的首章，自此以下十章，都聚焦在家庭安全、防范强盗的问题上。作者首先从防范盗贼说起，也可谓颇有深意。要治家，首先需能维持家业，确保安全，才能进一步扩展家业，兴旺发达。

# 3.2　山居须置庄佃

居止或在山谷村野僻静之地，须于周围要害去处置立庄屋，招诱丁多之人居之。或有火烛、窃盗，可以即相救应。

有的人家居住在偏僻安静的山谷荒野，需要在周边要害的地方设置田庄屋舍，招引人丁多的人家来居住。这样，如果发生火烛、偷盗等意外，就可以及时相互救助。

本章考虑住房选址及周边邻居的问题。哪怕屋舍建在偏远的地方，也要设法使周边有邻居住，这样发生意外也有个照应。此处考虑可谓周到。

# 3.3 夜间防盗宜警急

凡夜犬吠，盗未必至，亦是盗来探试，不可以为他而不警。夜间遇物有声，亦不可以为鼠而不警。

## | 今译 |

大凡夜里狗叫，即使盗贼未必来，那也是盗贼来试探，不可以为是别的情况而不加警惕。夜间遇到东西有声响，也不可以为是老鼠而不加警惕。

## | 实践要点 |

本章继续考虑夜间的家庭安全防范问题，提出在夜里要保持足够的警惕，以防盗贼。

# 3.4　防盗宜巡逻

　　屋之周围须令有路，可以往来，夜间遣人十数遍巡之。善虑事者，居于城郭，无甚隙地，亦为夹墙①，使逻者往来其间。若屋之内，则子弟及奴婢更迭巡警。

## ｜　今译　｜

　　屋舍的周围需要有小路，可以往来，夜里派人巡逻十来遍。善于谋事的人，居住在城里，屋舍间没什么空隙，也设置夹墙，让巡逻的人在其中来回走。至于屋舍里面，就让子弟和奴婢轮流巡逻警戒。

## ｜　简注　｜

① 夹墙：两座距离很近、中间有狭窄道路的墙壁。

　　本章从房屋之间的间隔问题来考虑安全防范问题。房屋之间最好有道路或墙壁，这样有利于防止盗贼。

# 3.5　夜间逐盗宜详审

夜间觉有盗，便须直言"有盗"，徐起逐之，盗必且窜。不可乘暗击之，恐盗之急，以刃伤我，及误击自家之人。若持烛见盗，击之，犹庶几。若获盗而已受拘执，自当准法，无过殴伤。

## ┃ 今译 ┃

夜里发觉有盗贼，就要直接说"有盗贼"，慢慢起来追他，盗贼必定要逃窜。不可以趁黑攻击他，以免盗贼急了，用小刀伤到我，也免得自己在黑暗中误伤了自家的人。如果拿着火烛看到盗贼从而攻击他，那还差不多。如果擒住盗贼并且已被捆绑起来，自当送到官府依法处置，不要过分打伤他。

## ┃ 实践要点 ┃

本章进一步讨论夜间发觉盗贼之后，如何处理防范以保安全。作者指出要直接喊"有盗贼"，但同时又要避免与盗贼正面冲突，以免误伤自家人。并且在抓住盗贼之后，要依法处置。这些都是值得借鉴的处理方式。

# 3.6　富家少蓄金帛免招盗

多蓄之家，盗所觊觎，而其人又多置什物，喜于矜耀，尤盗之所垂涎也。富厚之家若多储钱谷，少置什物，少蓄金宝丝帛，纵被盗亦不多失。前辈有戒其家："自冬夏衣之外，藏帛以备不虞，不过百匹。"此亦高人之见，岂可与世俗言？

多储存财宝的家庭，盗贼容易盯上，若是这家人又多置办各种物品器具，喜欢炫耀，就尤其为盗贼所垂涎。富有的家庭如果多储存钱币、谷米，少置办各种物品器具，少储存金银财宝、丝帛绸缎，那即使被偷盗了，也不会丢失很多。前辈中有这样告诫自己家的："除了冬天、夏天的衣服之外，储藏丝帛以备不时之需，最多不超过百匹。"这也是高见，跟世俗之人怎么能谈得了呢？

## 实践要点

／

本章从自身方面指出防盗的要点。喜欢"显摆、炫富"的人家，经常更容易被盗贼盯上。古语言："祸福无门，唯人所召。"很多不测之祸，其实都是由于自身的行动所造成的。如果自己表现得谦逊、平常一些，也就不会招来盗贼。

# 3.7　防盗宜多端

劫盗有中夜炬火露刃，排门而入人家者，此尤不可不防。须于诸处往来路口，委人为耳目。或有异常，则可以先知。仍预置便门，遇有警急，老幼妇女且从便门走避。又须子弟及仆者平时常备器械，为御敌之计。可敌则敌，不可敌则避，切不可令盗得我之人，执以为质，则邻保及捕盗之人不敢前。

| 今译 |

强盗有半夜拿着火炬、露着刀刃、推门而进入人家里抢劫，这尤其不可不防备，需要在各处往来的路口派人去望风，如果有异常情况就可以事先知道。还要预先设置便门，遇到有危急情况，老幼妇女就从便门逃走躲避。又需要子弟和仆人平时常备好一些器械，以作防御敌人之用。可以抵挡就抵挡，不能抵挡就逃避，切记不可让强盗得到我们的人，如果捉住作为人质，那邻居和抓捕强盗的人就不敢上前了。

## | 实践要点 |

本章设想如果真的遇到强盗劫匪，应该从多方防备，给自己和家人留下退避的后路和防御的器械。"可以抵挡就抵挡，不能抵挡就逃避"，最关键的是，不要被抓到人质。今天来看，这也正是生命第一、正当防卫的体现。

# 3.8　刻剥招盗之由

> 　　劫盗虽小人之雄，亦自有识见。如富人平时不刻剥①，又能乐施，又能种种方便，当兵火扰攘之际，犹得保全，至不忍焚掠污辱者多。盗所快意于劫杀之者，多是积恶之人。富家各宜自省。

## |　今译　|

　　强盗虽然是小人中的奸雄，也自有一些见识。如果富人平时不侵夺剥削别人，又能乐于施惠，又能给众人各种方便，那即使在兵火战乱之时都能够得到保全，众人多半不忍焚烧、劫掠、侮辱这样的人家。强盗所恣意去抢劫、杀掠的，多是积累恶行的人。富有的人家应该各自反省。

## |　简注　|

① 刻剥：侵夺剥削。

／

本章从长远来看，如果富人平时乐善好施，也会减少被抢劫侮辱的概率。所谓"盗亦有道"，强盗确实是作恶，但他们抢劫的对象，通常是那些为富不仁的人。这体现出强盗还保有最基本的人性。这个道理，在今天也是值得警醒的。

# 3.9　失物不可猜疑

家居或有失物，不可不急寻。急寻，则人或投之僻处，可以复收，则无事矣。不急，则转而出外，愈不可见。又不可妄猜疑人，猜疑之当，则人或自疑，恐生他虞；猜疑不当，则正窃者反自得意。况疑心一生，则所疑之人，揣其行坐辞色，皆若窃物，而实未尝有所窃也。或已形于言，或妄有所执治，而所失之物偶见，或正窃者方获，则悔将若何！

| 今译 |

/

　　家居如果有物件失窃了，不可不紧急寻找。紧急寻找，那么小偷或许会把它扔到荒僻的地方，可以找回来，那就没事了。不紧急去寻找，那么小偷转而将它带到外面，更加不可得见。但又不能够胡乱猜疑别人，如果猜疑对了，那么对方或许会自疑，恐怕会生出别的可忧虑之事；如果猜疑不对，那真正的小偷反而得意了。况且疑心一生，那么揣测所怀疑之人的言行、举止、神色，都像是偷东西的小偷，但实际则并没有偷。或是已说出猜疑的话来，或是胡乱捉拿整治人，这时失窃的东西意外发现了，或真正的小偷刚好抓获了，那该怎么后悔呢？

## | 实践要点 |

本章指出对待失窃应该持怎样的态度。重要的是两步：第一，赶紧去寻找失物；第二，不要胡乱猜疑是谁偷的，否则，就可能会落得让朋友伤心、让小偷得意，最后又让自己后悔的下场。

《韩非子》中讲过一个故事。宋国有个富人，因为天下雨，致使他家的墙坍塌了。他的儿子说："不把墙修筑好，必定会招致盗贼。"他邻居的父亲也这么说。到了晚上，果然财物严重失窃。富人家里觉得自己的儿子非常聪明，同时又怀疑是其邻居的父亲偷的。这个"智子疑邻"的故事，生动描绘出那些没有证据而胡乱猜疑之人的愚昧而又不自知其愚昧的丑态。

# 3.10　睦邻里以防不虞

居宅不可无邻家，虑有火烛，无人救应。宅之四围如无溪流，当为池井，虑有火烛，无水救应。又须平时抚恤邻里有恩义。有士大夫平时多以官势残虐邻里，一日为仇人刃其家，火其屋宅。邻里更相戒曰："若救火，火熄之后，非惟无功，彼更讼我以为盗取他家财物，则狱讼未知了期！若不救火，不过杖一百而已。"邻里甘受杖而坐视其大厦为煨烬，生生之具无遗，此其平时暴虐之效也！

## | 今译 |

屋舍不可以没有邻居，担心有火烛之灾，没有人相互救助照应。屋舍的四周如果没有溪流，应该挖个池塘或井，担心有火烛之灾，没有水来救火。还需要平时照顾邻里，对其有恩义。有一个士大夫平时多以官位权势残害虐待邻里，有一天为仇家入屋伤人、放火烧屋。邻里人家相互告诫说："如果救火，火熄灭之后，不但没有功劳，他家还会起诉我们，认为是我们盗取他家的财物，那牢狱诉讼不知何时是个了期！如果不救火，那不过打一百杖而已。"邻里甘愿挨板子而坐看他家的大屋烧成灰烬，过日子、做生意的物资都没有剩余，这是那个士大夫平时残害虐待他人的结果啊！

## ┃ 实践要点 ┃

本章可以说承上启下的一章，连结了以上数章的"防范强盗"和下面数章的"防范火灾"这两个主题。仇人强盗入室抢劫、杀人放火，通常是相连的灾祸。防盗、防火，自古至今都是人们保障生命和财产安全的两大基本措施。

俗话说，远亲不如近邻。有的时候，确实如此。由此就得出，应该善待邻居、和睦邻里。对富贵人家来说，尤其要这样。如果平时仗势欺凌乡里，那么遇到抢劫纵火之类不测灾祸，邻居都可能不会来帮忙救火，导致人财两空、家破人亡。这正是自己平日所为种下的恶果。古人历来重视与邻里建立和睦共处的关系。中国最早的成文乡约，也就是宋代的《吕氏乡约》，其中提炼出乡里交往的四大要点："德业相劝，过失相规，礼俗相交，患难相恤。"最后一点"患难相恤"，可谓最基本的一点，值得我们重视。

# 3.11　火起多从厨灶

火之所起，多从厨灶。盖厨屋多时不扫，则埃墨<sup>①</sup>易得引火。或灶中有留火，而灶前有积薪接连，亦引火之端也。夜间最当巡视。

## ┃　今译　┃

火灾的起因，多从厨房炉灶而来。因为厨房长久不打扫，烟灰就容易引起火；或是炉灶中有残留的火，而炉灶前面还堆积连接着柴草，这也是引起火灾的一个发端。夜里最应当巡视一下厨房、炉灶。

## ┃　简注　┃

① 埃墨：烟灰。

古时候火灾，其中原因之一是厨房炉灶引火，今天的火灾则除了因火致火外，更要防备用电起火。生命第一，在用电时注意安全，多留个心眼，防微杜渐，总是有利无害的。

# 3.12  焙物宿火宜儆戒

烘焙物色<sup>①</sup>过夜，多致遗火。人家房户<sup>②</sup>多有覆盖宿火<sup>③</sup>，而以衣笼罩其上，皆能致火，须常戒约。

| 今译 |

烘焙物品过夜，多半会导致失火。一般人家房户多有覆盖隔夜未熄的火，用衣服罩在上面，都能够导致失火，需要常常诫约束家人。

| 简注 |

① 物色：用品，物品。

② 房户：底本原无"户"字，今据知不足斋本增加。

③ 宿火：隔夜未熄的火；预先留下的火种。

烘焙物品过夜经常引起火灾。在今天也类似。即使白天睡觉时使用某些电器设备，或打开某些电器后，出去很久不回来，稍有不慎，都可能导致失火。这些生活中的点滴小事，在某个意义上又是人命关天的大事，都是需要小心对待的。

# 3.13　田家致火之由

蚕家屋宇低隘，于炙簇之际，不可不防火。

农家储积粪壤，多为茅屋，或投死灰于其间，须防内有余烬未灭，能致火烛。

## ｜ 今译 ｜

养蚕人家的屋舍低矮狭窄，在聚集炙烤的时候，不可不防火。农家多用茅屋来储存粪壤，如果把死灰投到里面，需要谨防死灰里面有没有未灭的余烬，以免导致火灾。

## ｜ 实践要点 ｜

本章具体指出养蚕人家、耕田农家特别需要注意以防火灾的地方。

# 3.14  致火不一类

> 茅屋须常防火；大风须常防火；积油物、积石灰须
> 常防火。此类甚多，切须询究。

**|  今译  |**

/

茅屋需要常常防火；大风时需要常常防火；积存油物、积存石灰，需要常常
防火。这类情况非常多，切记需要查考究问。

**|  实践要点  |**

/

本章进一步指出其他可能导致火灾的细微之处。

# 3.15 小儿不可带金宝

富人有爱其小儿者，以金银宝珠之属饰其身。小人有贪者，于僻静处坏其性命而取其物。虽闻于官而寘于法，何益？

## | 今译 |

有的富人宠爱自己的小孩子，用金银珠宝之类饰品来打扮他。有的贪婪小人会在僻静的地方，伤害小孩子的性命，以夺取他身上的饰品。这样即使把小人抓到官府、落入法网，又有什么益处呢？

## | 实践要点 |

以下三章讲的是看管小孩的问题，分别着重点出保护小孩安全的三个方面。本章讲到，小孩子穿金戴银，容易被贪婪小人盯上眼，由此引发不测之祸。这是古今相通的道理，应该好好重视。

# 3.16　小儿不可独游街市

市邑小儿，非有壮夫携负，不可令游街巷，虑有诱略之人也。

市镇人家的小孩子，如果不是有成年人带着，不可以让他在街巷里游玩，担心有诱惑拐骗小孩的人。

## | 实践要点 |

小孩子如果没有大人陪同，不可到街巷里游玩，以防被诱拐。现代的城市甚至乡镇，常常已经形成陌生人社会，更是可能发生这种事。为人父母，爱子心切，应该谨记此点。

# 3.17　小儿不可临深

人之家居，井必有干，池必有栏；深溪急流之处、峭险高危之地、机关触动之物，必有禁防，不可令小儿狎而临之。脱有疏虞，归怨于人何及！

## ┃　今译　┃

人们家居，井、池塘必须要有护栏。水深、水急的溪流河水，峻峭、高耸、危险的地方，有机关怕触动的物件，必须要设置各种禁防，不可以让小孩子靠近狎玩。否则一旦有所疏忽失误，归怨别人也来不及了！

## ┃　实践要点　┃

小孩子不可让他们去河边水深、高耸危险等地方玩耍，以防不测。这也是为人父母要加以重视的。

# 3.18　亲宾不宜多强酒

亲宾相访，不可多虐以酒。或被酒夜卧，须令人照管。往时括苍有困客以酒，且虑其不告而去，于是卧于空舍而钥其门。酒渴索浆不得，则取花瓶水饮之。次日启关而客死矣。其家讼于官。郡守汪怀忠究其一时舍中所有之物，云"有花瓶，浸旱莲花"。试以旱莲花浸瓶中，取罪当死者试之，验，乃释之。又有置水于案而不掩覆，屋有伏蛇遗毒于水，客饮而死者。凡事不可不谨如此。

## | 今译 |

亲戚客人来访，不可以过多用酒来灌他。如果醉酒后在夜里睡觉，需要派人照管。以前括苍县有户人家用酒把客人困住，又担心客人不辞而别，于是让他睡在一间空屋子里，并且反锁上门。客人酒醒口渴找不到水，就取花瓶里的水来喝。第二天开门一看，客人死了。客人的家人就到官府起诉。郡守汪怀忠究问当时屋中有什么东西，回答说"有花瓶，浸泡着旱莲花"。于是尝试以旱莲花泡在花瓶中，让有罪要执行死刑的人来喝，应验了，这才释放出被告。还有户人家把水放在几案上而没有覆盖住，屋舍有蛇爬过在水里留下毒，客人喝了而致死。凡事就是这样不可以不谨慎啊。

## | 实践要点 |

酒醉误事，应当防止喝醉；对待来访的亲朋好友，更是如此。这里的关键在于，自己酒醉误事，这是一般的情况；但如果亲朋好友酒醉误事，那么即使自己没喝醉，也脱不了干系。这对亲友和自己都不是好事，为人为己，都应该慎重对待。

# 3.19　婢仆奸盗宜深防

清晨早起，昏晚早睡，可以杜绝仆婢奸盗等事。

## ┃ 今译 ┃

/

清晨早起，夜晚早睡，就可以杜绝仆人奴婢奸淫、偷盗等事情发生。

## ┃ 实践要点 ┃

/

从本章以下二十多章，主要谈及仆人、奴婢，尤其涉及与仆人奴婢相关的奸淫、偷盗之事。本章指出，奸淫偷盗之事，经常发生在夜晚。如果持家严谨，早睡早起，也就消除了发生这种事的基本条件。

正如本书导读中已指出的，古代富贵人家会有仆人奴婢，今天自然没有这种现象。但是我们不当拘泥于某个时代的特殊现象，而应该透过现象看本质，超越具体内容而看到更广阔的共通道理。虽然内容改变了，但有些方式和结构并没有改变。这是我们今天读古人的书尤其要注意的地方，不要因为有些社会现象变化或进步了，就漠视古人处理这些现象时所展示出的智慧。阅读这本书也一样，由此才能放下后知之明的傲慢和偏见，真正吸收古人的智慧。这应该成为阅读古书的准则。

# 3.20  严内外之限

司马温公①《居家杂仪》："令仆子非有警急修葺，不得入中门；妇女婢妾无故不得出中门。只令铃下②小童通传内外。"治家之法，此过半矣。

## | 今译 |

司马温公的《居家杂仪》里说："让家中的仆人不是有紧急需办理的事，就不可以进入中门去内室；妇女、婢妾无故不可以走出中门去到外室。只让守门的小童通传内外室的信息就可以。"治理家庭的方法，这里说的已超过一半。

## | 简注 |

① 司马温公：即司马光（1019—1086），字君实，号迁叟，陕州夏县（今山西夏县）涑水乡人，卒赠太师、温国公，故又称司马温公。北宋政治家、史学家、文学家。《居家杂仪》是司马光所写的一本家礼家规著作。

② 铃下：指侍卫、门卒或仆役。

本章通过引用前贤司马温公《居家杂仪》的看法，来说明家里的事务也应分别内外、各司其职，以防发生苟且之事。

# 3.21 婢妾常宜防闲①

婢妾与主翁亲近，或多挟此私通仆辈，有子则以主翁藉口。畜愚贱之裔，至破家者多矣。凡婢妾不可不谨其始，亦不可不防其终。

## ┃ 今译 ┃

婢妾跟主人相亲近，或多会依仗这个而跟仆人通奸，有了孩子之后就以主人为借口，说这是主人的孩子。畜养愚贱之人的后裔，以致家庭破败的情况多见。凡是对于婢妾不可以不在一开始就谨慎，也不可以不在最后禁防。

## ┃ 简注 ┃

① 防闲：闲，原误作"闭"。防闲，意为防范和禁阻。

本章谈及婢妾依仗与主人亲近，而将与仆人通奸生的孩子说成是主人的孩子，由此导致的家庭悲剧。今天没有家中养婢妾、仆人的现象，但是其中所说"慎始"的道理，还是值得重视。

# 3.22　侍婢不可不谨出入

人有婢妾不禁出入，至与外人私通有妊，不正其罪而遽逐去者，往往有于主翁身故之后，自言是主翁遗腹子，以求归宗。旋至兴讼。世俗所宜警此，免累后人。

## 今译

有的人有婢妾却不禁防其出入，以至其跟外人通奸而怀上了孩子，却不惩治婢妾的罪而立即逐去她。因而往往在主人故去之后，就声称孩子是主人的遗腹子，要求归宗。很快就导致打起了官司。世人应该对此有所警惕，以免连累后人。

## 实践要点

本章所谈也是治家需要防备的情况。这不仅引起财产纷争，还可能因为归宗而将外人之子当作本宗之子。而如果最终甚至由这个孩子当家传家，那么事情就更严重了。

# 3.23　婢妾不可供给

人有以正室妒忌，而于别宅置婢妾者；有供给娼女，而绝其与人往来者。其关防非不密，监守非不谨。然所委监守之人得其犒遗，反与外人为耳目以通往来，而主翁不知，至养其所生子为嗣者。又有妇人临蓐，主翁不在，则弃其所生之女，而取他人之子为己子者。主翁从而收养，不知非其己子。庸俗愚暗，大抵类此。

有的人因为嫡妻妒忌，而在别的屋宅安置婢妾；也有的人用别的屋宅供给娼妓，而断绝她跟别人往来。防范并非不严密，监守并非不谨慎，但是所委派去监守的人得到婢妾、娼妓的犒赏赠送，反而跟外人通风往来，而主人却一概不知，以致把他们通奸所生的孩子作为后代来抚养。还有的妇人临产时，主人不在身边，就丢弃自己所生的女孩，而取别人的儿子作为自己的亲生子的。主人就从而抚养那孩子，却不知道那并非自己的亲生子。世人的庸俗愚笨，大概都类似这样。

本章谈论在外面供养婢妾或娼妓的现象，这在当今世俗也存在类似情况，应该加以禁止。那些这样做的人自以为隐藏得稳稳妥妥，自鸣得意，殊不知祸患正包藏在其中，而自己反而被蒙在鼓里，这真是可悲的事。

# 3.24　暮年不宜置宠妾

妇人多妒[①]，有正室者少蓄婢妾，蓄婢妾者多无正室。夫蓄婢妾者，内有子弟，外有仆隶，皆当关防。制以主母犹有他事，况无所统辖！以一人之耳目临之，岂难欺蔽哉？暮年尤非所宜，使有意外之事，当如之何？

## 今译

妇人多妒忌，因此有嫡妻的很少蓄养婢妾，蓄养婢妾的多半没有嫡妻。蓄养婢妾的人家，在内有子弟，在外有仆人，都应当防范。以女主人来把控都还会出事，何况没有女主人来管理呢！以自己一人之耳目来面对他们，欺骗隐瞒怎么会有什么困难？上了年纪尤其不应该蓄养婢妾，万一出了意外，应该怎么办呢？

## 简注

① 妒：底本原作"知"，据知不足斋本改。

## 实践要点

本章尤其提到上年纪之后不应蓄养婢妾，否则很可能导致误认外人作子的事情发生。

# 3.25　婢妾不可不谨防

夫蓄婢妾之家，有僻室而人所不到，有便门而可以通外，或溷厕①与厨灶相近，而使膳夫掌庖，或夜饮在于内室，而使仆子供役②，其弊有不可防者。盖此曹深谋，而主不之猜，此曹迭为耳目，而主又何由知觉？

## | 今译 |

蓄养婢妾的人家，有人所不到的偏僻屋舍，有可以跟外面接通的便门，或是厕所跟厨房炉灶相近而让男厨师掌管厨房，或是夜里在内室喝酒而让男仆人当差使唤，其中有防也防不了的弊端。因为这些人深加谋划而主人不加猜疑，这些人相互通风报信，主人又能从哪里发现内幕呢？

## | 简注 |

① 溷（hùn）厕：厕所。

② 供役：底本作"供过"，据知不足斋本改。

│ **实践要点** │

本章谈及防止可能导致婢妾奸淫的其他具体情况。对此，可参考 3.21 所谈及的理由。

# 3.26　美妾不可蓄

夫置婢妾，教之歌舞，或使侑樽以为宾客之欢，切不可蓄姿貌黠慧过人者，虑有恶客起觊觎之心。彼见美丽，必欲得之。"逐兽则不见泰山"，苟势可以临我，则无所不至。绿珠之事①，在古可鉴，近世亦多有之，不欲指言其名。

## ┃　今译　┃

招纳婢妾，令其学会唱歌跳舞，或者令其给客人倒酒以助兴，切记不可蓄养才貌聪慧过人的，担心有可恶的客人生出非分之想。他看到婢妾漂亮，必定想要得到她。所谓"沉迷于追逐野兽，就会泰山近在眼前都看不见"，如果他势力在我之上，就会什么手段都用得出。古时绿珠的故事可以作为镜子借鉴，近世也多有这种现象，这里不想指名道姓说出来。

①　绿珠之事：绿珠是西晋的富豪官员石崇的宠妾，"美而艳，善吹笛"。石崇因事被免官，当时赵王伦专权，石崇的外甥欧阳建跟赵王伦有过节。一向暗慕绿珠的孙秀，见石崇失势，就派人去索取绿珠。石崇不肯，孙秀就劝赵王伦杀掉石崇、欧阳建。石崇他们知道后，打算反击。孙秀就矫诏抓住石崇把他杀掉。绿珠在石崇被抓之前跳楼自杀。事见《晋书·石崇传》。

| 实践要点 |

本章重点谈及不可蓄养美貌狡黠的婢妾，否则可能导致不测之祸。或许人们会由此联想到"红颜祸水"，但应该看到，本章的重点不在于怪罪女子，而是劝谏蓄养婢妾的男主人。

# 3.27　赌博非闺门所宜有

士大夫之家，有夜间男女群聚呼卢，至于达旦，岂无托故而起者？试静思之。

有的士大夫家，夜里男女群聚赌博，一直玩到第二天早上，怎么会没有托故而生事的呢？试着静下来想想吧。

## 实践要点

本章谈及家庭闺门要禁止群聚赌博之事，不仅是因为这事本身不好，而且由此还可能引出一系列的祸患。赌博确实是诸多祸患的根源，在家门外赌博，通常导致各种犯罪；在家族内聚赌，则导致放纵奸淫苟且之事。

# 3.28 仆厮当取勤朴

人家有仆，当取其朴直谨愿、勤于任事，不必责其应对进退之快人意。人之子弟不知温饱所自来者，不求自己德业之出众，而独欲①仆者峭黠之出众。费财以养无用之人，固未甚害；生事为非，皆此辈导之也。

| **今译** |

家里有仆人，应当挑选那些质朴、正直、诚实，勤力做事的，不必苛求他们应对进退让人快活。有的人家子弟不知道温饱的来源，不追求自己德业出众，却独独想要仆人机巧伶俐出众。浪费钱财来养些无用之人，固然不是很有害处，可怕的是子弟惹是生非都是这些人所引诱的。

| **简注** |

① 欲：底本作"与"，据知不足斋本改。

本章谈及蓄养仆人的标准：宁愿选择老实质朴的，也不要那些巧言令色的。其实，这也是与人交往、选择朋友的准则。作者最后指出，养无用之人，浪费钱财事小，带坏子弟事大，这确实值得人们警醒。

# 3.29 轻诈之仆不可蓄

> 仆者而有市井浮浪子弟之态，异巾美服，言语矫诈，
> 不可蓄也。蓄仆之久而骤然如此，闺闱之事，必有可疑。

## | 今译 |

有的人作为仆人却有轻浮浪荡的市井子弟之态，穿戴奇异的头巾、华丽的衣服，言语矫饰诈伪，这样的仆人不可以蓄养。如果仆人蓄养很久，突然之间变得这样，那么必定是闺门之内发生了可疑之事。

## | 实践要点 |

本章继续谈论选择仆人的标准，不可蓄养那些轻浮矫饰之人为仆人，这与上章的思路也是相通的。

# 3.30　待奴仆当宽恕

　　奴仆小人就役于人者，天资多愚，作事乖舛背违，不曾有便当省力之处。如顿放什物必以斜为正，如裁截物色必以长为短，若此之类，殆非一端。又性多忘，嘱之以事，全不记忆；又性多执，所见不是，自以为是；又性多狠，轻于应对，不识分守。所以雇主于使令之际，常多叱咄。其为不改，其言愈辩，雇主愈不能平，于是棰楚加之，或失手而至于死亡者有矣。

　　凡为家长者，于使令之际有不如意，当云小人天资之愚如此，宜宽以处之，多其教诲，省其嗔怒可也。如此，则仆者可以免罪，主者胸中亦大安乐，省事多矣。

　　至于婢妾，其愚尤甚。妇人既多褊急很愎，暴忍残刻，又不知古今道理，其所以责备婢妾者又非丈夫之比。为家长者，宜于平昔常以待奴仆之理谕之，其间必自有晓然者。

/

奴仆小人，是听人使唤的，天资多愚笨，做事错谬百出，违背主人的心意，没有让人省力的地方。例如放置物件一定要把斜的当作正的，又如裁取物品一定要把长的当作短的，诸如此类，不是一件两件。又天性多忘事，嘱托事情，全不记得；又天性多固执，所见道理并不对，却自以为是；又天性多凶狠，轻易应对，不识自己的本分。所以雇主在使唤时，经常多斥责。奴仆不改，言辞更加机巧，雇主就更加不平，于是加以鞭打，乃至失手把人打死的都有。

凡是做家长的，在使唤时有不如意之处，应当说小人天资就这么愚笨，应该宽厚处置，多点教诲，省点怒骂就行。这样，仆人可以减免罪罚，主人胸中也很安乐，就省事多了。

至于婢妾，更是愚笨。妇人既多是急躁固执、凶暴残忍，又不知道古今道理，对婢妾的责备更不是男人可比的。做家长的应当在平时常常把对待奴仆的道理教给她们，其中必定自会有晓然明白事理的。

| 实践要点 |

/

本章谈及对待仆人的准则："宽以处之"。如果说生气是拿别人的错误来惩罚自己，那么宽恕则既给犯错者一个改过自新的机会，也给自己营造一个安乐的心境。正如作者所说："如此，则仆者可以免罪，主者胸中亦大安乐，省事多矣。"其实，这也是待人的基本准则。如果对待仆人是这样，那对待朋友、亲人更是要包容了。

# 3.31　奴仆不可深委任

　　人之居家，凡有作为及安顿什物，以至田园、仓库、厨、厕等事，皆自为之区处，然后三令五申以责付奴仆，犹惧其遗忘，不如吾志。今有人一切不为之区处，凡事无大小听奴仆自为谋，不合己意，则怒骂、鞭挞继之。彼愚人，止能出力以奉吾令而已，岂能善谋，一一暗合吾意？若不知此，自见多事。且如工匠执役，必使一不执役者为之区处，谓之"都料匠"①。盖人凡有执为，则不暇他见，须令一不执为者，旁观而为之区处，则不烦扰，而功增倍矣。

|　今译　|

　　人们居家，凡是要动工做事和安置物件，以至田园、仓库、厨房、厕所等事情，自己亲自谋划安排，然后三令五申地责令交付给奴仆，都还怕他遗忘了，跟我的本意有偏差。如今有的人一切事情都不谋划安排，凡事无论大小都听凭奴仆自己谋划，不合自己的意，就愤怒责骂，继而又拿绳棍打人。他们是笨人，只能

出力听我的命令而已，怎么能善于谋划，一一都暗合我的心意呢？如果不知道这个，只是自己多找麻烦而已。就如工匠做事，必定让一个不做事的来谋划安排，叫做"总工匠"。因为人凡是有事情做，就没空闲顾及其他，需要让一个不做事的来旁观，谋划安排整个事情，就不会烦扰，而功效也会倍增。

## 简注

① 都料匠：古代称营造师，总工匠。

## 实践要点

本章也可以说是上章"宽以处之"思路的延伸。奴仆由于环境教育所限，见识一般较为短浅，如果犯错，应当尽量宽恕；如果做事，也不能委以过重的任务。否则通常很难做得合自己的心意。最好的办法是，委任一些人专做具体的事，另外再派一个人总领谋划，这样整个事情就可以高效完成，而无须烦扰。

# 3.32  顽很婢仆宜善遣

婢仆有顽很、全不中使令者，宜善遣之，不可留，留则生事。主或过于殴伤，此辈或挟怨为恶，有不容言者。婢仆有奸盗及逃亡者，宜送之于官，依法治之，不可私自鞭挞，亦恐有意外之事。或逃亡非其本情，或所窃止于饮食微物，宜念其平日有劳，只略惩之，仍前留备使令可也。

有的婢女仆人凶恶而暴戾、完全不听使唤，应当好生遣返他们，不可留下来，留下来就会出事。主人要是过于打伤他们，这些人或许会心怀怨恨而作恶，结果不堪设想。有的婢女仆人会做奸淫、偷盗和逃跑之事，应当送到官府，依法惩治，不可私自打人，否则也恐怕会发生意外。如果逃亡不是其本心，或是所偷的只是吃喝微末之物，这时应当顾念他们平日有苦劳，因而只是略微惩罚一下，仍旧可以留下来使唤。

　　本章指出，对有不同性情缺点的奴婢仆人，应该以不同的方式加以处置。有的性情暴戾，不容易管教，应该好生打发他们，不能留下；有的如果只是偶然犯错，并非出自本心，那么可以略加惩罚，仍旧留下他们。古代法令讲究"原心定罪、原情定罪"，待人接物也讲究"原心"而有区别地对待。这也是古人智慧的一种体现。

# 3.33　婢仆不可自鞭挞

婢仆有小过，不可亲自鞭挞，盖一时怒气所激，鞭挞之数必不记。徒且费力，婢仆未必知畏。惟徐徐责问，令他人执而挞之，视其过之轻重而定其数。虽不过怒，自然有威，婢妾亦自然畏惮矣。

寿昌胡氏彦特之家，子弟不得自打仆隶，妇女不得自打婢妾。有过则告之家长，家长为之行遣。子弟擅打婢妾，则挞子弟。此贤者之家法也。

婢女仆人有小过失，不可以亲自鞭打。因为一时怒气上来，必定不记得打了多少鞭，徒然浪费力气，婢女仆人未必会怕。唯有慢慢地责问，让他人拿鞭子来打，视其过失的轻重而确定鞭打的数目。这样即使不过于发怒，自然有威严，婢妾也自然会畏忌。

寿昌胡氏彦特的家，子弟不得亲自打奴仆，妇女不得亲自打婢妾。下人有过失就禀告家长，家长来处置发落。子弟擅自打婢妾，则要鞭打子弟。这是贤人的家法。

| **实践要点** |

责罚之事，不要亲力亲为。这样即使不发怒，也能树立威严，并让受罚的人畏忌。有时候做事太"直接"，反而会适得其反。古人在教育孩子的时候，也强调要"易子而教"。如果父母亲自教孩子，那就很容易闹冲突，也是类似的道理。这些都可以视为古人讲究"间接、委婉"智慧的一种体现。

# 3.34 教治婢仆有时

婢仆有过，既以鞭挞，而呼唤使令，辞色如常，则无他事。盖小人受杖，方内怀怨，而主人怒不之释，恐有轻生而自残者。

婢女仆人有过失，鞭打之后，使唤他们，言辞神色像平常一样，就不会生出别的事。因为小人受到杖打，心中正怀怨恨，而主人却还不放下怒气，恐怕婢女仆人会因此轻生而自残。

| 实践要点 |

本章继续谈论责罚下人的方式，可谓体贴细密、曲尽人情。即使在今天，也有类似的情况。有的孩子容易受挫自闭，在他们犯错时，无论是父母还是老师，都应该顾及孩子的感受，适当劝责，循循善诱，千万不可过分责骂，以免酿成更大的悲剧。

# 3.35 婢仆横逆宜详审

婢仆有无故而自经者，若其身温可救，不可解其缚，须急抱其身，令稍高，则所缢处必稍宽。仍更令一人，以指于其缢处渐渐宽之。觉其气渐往来，乃可解下。仍急令人吸其鼻中，使气相接，乃可以苏。或不晓此理，而先解其系处，其身力重，其缢处愈急，只一嘘气，便不可救。此不可不预知也。如身已冷，不可救，或救而不苏，当留本处，不可移动。叫集邻保，以事闻官。仍令得力之人日夜同与守视，恐有犬鼠之属残其尸也。

自刃不殊，宜以物掩其伤处。或已绝，亦当如前说。人家有井，于甃①处宜为缺级，令可以上下。或有坠井投井者，可以令人救应。或不及，亦当如前说。溺水，投水，而水深不可援者，宜以竹篱及木板能浮之物，投与之。溺者有所执，则身浮可以救应。或不及，亦当如前说。夜睡魇死及卒死者，不可移动，并当如前说。

　　有的婢女仆人无故而上吊轻生，如果其体温还可以救，不能够解开绳子，就需要赶紧将其身体抱得稍微高点，那么所勒住的地方必定会稍稍宽松些。然后再让一人用手指在其勒住的地方令其渐渐更宽松些。感觉其气渐渐往来了，才可解下绳子。还要赶紧让人吸其鼻子，让气相接通，才可以苏醒过来。要是不晓得这个道理，而先解开系住的绳子，其身体力重，而勒住的地方更加紧，只一吐气就再不能救过来了。这不可不预先知道。如果身体已经冷了，不可救了，或救而不能苏醒，应当留在原来的地方，不可以移动。然后呼叫聚集邻居，把事情上报给官府。然后让得力的人日夜一块守着看视，以免有狗或老鼠之类伤到尸体。

　　用刀刃自杀也没有差别，应当用东西掩盖伤口。或是已经断气，也应当像前面说的那样处理。有井的人家，应当在井壁处做可以上下的缺级。这样要是有坠井、投井的人，就可以让人去救应。如果来不及救，也应当像前面说的那样处理。溺水、投水，而水深不能够救援的，应当把竹篙和木板这种能浮在水面的东西投给对方。溺水的人有东西可以抓住，身体浮着就可以救应。要是来不及，也应当像前面说的那样处理。夜里睡觉魇死或猝死的，不可以移动，都应当像前面说的那样处理。

① 甃（zhòu）：砖砌的井壁。

## | 实践要点 |

本章谈及婢女仆人发生上吊等轻生事故，人命关天，应该慎重处理。如果还能救，要讲究方法，恰当救治；如果救不过来，也要慎重保护现场，及时上报官府。关键的一点，在于及时、公开地处理。

# 3.36　婢仆疾病当防备

婢仆无亲属而病者，当令出外就邻家医治，仍经邻保录其词说，却以闻官。或有死亡，则无他虑。

## ｜　今译　｜

有的婢女仆人没有亲属而又生病，应当让他们出去外面到邻家去治疗，并且让邻居记录其言辞，上报给官府。这样倘或有死亡之事，就不会有别的忧虑。

## ｜　实践要点　｜

本章继续谈及，遇到婢女仆人生病之事，也应妥善处理。

# 3.37　婢仆当令饱暖

婢仆欲其出力办事，其所以御饥寒之具，为家长者不可不留意，衣须令其温，食须令其饱。士大夫有云：蓄婢不厌多，教之纺绩，则足以衣其身；蓄仆不厌多，教以耕种，则足以饱其腹。大抵小民有力，足以办衣食。而力无所施，则不能以自活，故求就役于人。为富家者能推恻隐之心，蓄养婢仆，乃以其力还养其身，其德至大矣。而此辈既得温饱，虽苦役之，彼亦甘心焉。

## ｜　今译　｜

想要婢女仆人出力办事，那么他们用以抵御饥寒的衣食物资，做家长的就不可以不留意。衣服要足够温暖，饮食要能够饱足。士大夫有说：蓄养婢女不怕多，教他们纺织，就足以穿得暖；蓄养仆人不怕多，教他们耕种，就足以吃得饱。大致而言，小民有力气，足以安顿衣食；但力气无处可用，就不能够自求生存，所以寻求接受别人的役使。富有的人若能够推广恻隐之心，蓄养婢女仆人，以他们自己的力气来养活他们自己的生命，那其德性就是至大了。而那些人既已获得温饱，那么即使被劳苦役使，他们也甘心情愿。

## | 实践要点 |

作者在本章希望富人家能"推恻隐之心"来蓄养下人，让他们能养活自己，那就是大恩大德了。古代婢女仆人为人所役使，经常面临遭受压迫欺凌的可能性。作者在古代的社会环境下，能体贴弱势群体，曲尽其情，虽然无法改变下人被压迫的命运，但也已经难能可贵了。

# 3.38 凡物各宜得所

婢仆宿卧去处，皆为检点，令冬时无风寒之患。以至牛、马、猪、羊、猫、狗、鸡、鸭之属，遇冬寒时，各为区处牢圈栖息之处。此皆仁人之用心，见物我为一理也。

## | 今译 |

婢女仆人睡觉的地方，都要查看，使得在冬天没有风寒的忧患。以至牛、马、猪、羊、猫、狗、鸡、鸭这些动物在冬天寒冷时，都各给它们安顿好栖息之地。这些都是仁人的用心，看见万物跟我都是同一个道理。

## | 实践要点 |

本章接着上章，谈及安顿婢女仆人，免受风寒之患。进而推及家畜动物，对它们也要有基本的照顾。这在某种意义上，确实体现了仁人以天地万物为一体的心态，表明了古人希望万物各得其所的理想。每个人、每个物在天地之间都有属于自己的位置，力所能及地安顿好身边的每个人、每个物，这正是仁人的真实用心。

# 3.39 人物之性皆贪生

飞禽走兽之与人，形性虽殊，而喜聚恶散，贪生畏死，其情则与人同。故离群①则向人悲鸣，临庖则向人哀号。为人者既忍而不之顾，反怒其鸣号者有矣。胡不反己以思之：物之有望于人，犹人之有望于天也。物之鸣号有诉于人，而人不之恤，则人之处患难、死亡、困苦之际，乃欲仰首叫号、求天之恤耶？

大抵人居病患不能支持之时，及处囹圄不能脱去之时，未尝不反复究省平日所为：某者为恶，某者为不是。其所以改悔自新者，指天誓日可表。至病患平宁②及脱去罪戾，则不复记省，造罪作恶无异往日。余前所言，若令于经历患难之人，必以为然，犹恐痛定之后不复记省。彼不知患难者，安知不以吾言为迂？

飞禽走兽跟人，形状、本性虽然不同，但是喜欢聚集、厌恶离散、贪爱生命、害怕死亡之情，则跟人相同。所以动物失散离群就向着人悲鸣，面临被杀掉送进厨房，就向着人哀号哭泣。作为人，有的不仅忍心不顾，反倒愤怒其悲鸣哀号。为什么不回到自身反思一下：物对人怀抱希望，就像人对天怀抱希望。物向着人鸣叫哭诉，人却不顾念，而人在面临患难、死亡、困苦的境地时，却想抬头呼叫求天可怜吗！

大凡人在生病处患无法坚持下去时，以及身处囹圄无法脱身时，未尝不反复地追究省察平日里的所作所为：某个事做得邪恶，某个事做得不对。那时悔过自新的决心，真可以对天发誓。等到病痛祸患平息安宁，以及脱去罪罚之后，就不再记得了，仍像往常一样作恶造孽。我前面说的话，如果跟经历过患难的人说，必定认为是对的，但恐怕他们痛定之后也不再记得。而那些不知道患难的人，又怎知他们不认为我所说的是迂腐之言呢？

| 简注 |

① 离群：底本作"离情"，据知不足斋本改。

② 平宁：底本作"不宁"，据知不足斋本改。

本章接续上章，进一步推及人和动物都有"喜聚恶散，贪生畏死"之情，这本身只要不过度，都是无可厚非的欲求。任何人都应该顾念别人的这些基本欲求，尽量加以体恤。作者最后的感慨："余前所言，若言于经历患难之人，必以为然，犹恐痛定之后不复记省。彼不知患难者，安知不以吾言为迂？"真可谓肺腑之言。

# 3.40　求乳母令食失恩

有子而不自乳，使他人乳之，前辈已言其非矣。况其间求乳母于未产之前者，使不举己子而乳我子；有子方婴孩，使舍之而乳我子，其己子呱呱而泣，至于饿死者。有因仕宦他处，逼勒牙家①诱赚良人之妻，使舍其夫与子而乳我子，因挟以归乡，使其一家离散，生前不复相见者。士夫递相庇护，国家法令有不能禁，彼独不畏于天哉！

## ｜ 今译 ｜

自己有孩子却不自己哺乳，而让别人代为哺乳，前辈已经说过这不对了。何况其间寻求那些还没生产的乳母来哺乳我的孩子而非她自己的孩子；或是其孩子还是婴儿，就让她丢下其孩子而来哺乳我的孩子，她自己的孩子呱呱而泣，至于饿死的都有。也有的人因在外面做官，逼迫勒令中介诱取良人的妻子，让她丢下丈夫和孩子而哺乳我的孩子，因而挟持她回老家，让她一家离散，生前不能再相见。士大夫相互包庇，国家法令也不能禁止，难道他们就独独不怕天吗！

① 牙家：犹牙人，旧时指居于买卖双方之间，从中撮合，以获取佣金的人。

| 实践要点 |

本章谈及请乳母来给自家孩子喂奶这种事是不对的，用今天的话来说，这是不人道的。作者由此进而谈及当时乳母的不幸境况，并对士大夫的不良行为发出了质问。

# 3.41　雇女使年满当送还

以人之妻为婢，年满而送还其夫；以人之女为婢，年满而送还其父母；以他乡之人为婢，年满而送归其乡。此风俗最近厚者，浙东士大夫多行之。有不还其夫而擅嫁他人，有不还其父母而擅与嫁人，皆兴讼之端。况有不恤其离亲戚、去乡土，役之终身，无夫无子，死为无依之鬼，岂不甚可怜哉！

| 今译 |

以别人的妻子作为婢女，年限满后送还给其丈夫；以别人的女儿为婢女，年限满后送还给其父母；以他乡的人作为婢女，年限满后送还回乡。这是风俗中最近于厚道的，浙东士大夫多有照这个来做的。有的不送还给其丈夫而擅自将其嫁给他人，有的不送还给其父母而擅自将她嫁人，这些都是兴起诉讼的端由。何况有不顾念其别离亲戚、远去故乡，而终生奴役她们，让她们无丈夫无孩子，死后成为无依无靠的鬼，岂不是非常可怜吗！

　　本章与此上数章类似，提倡要宽厚地对待婢女下人，"此风俗最近厚者"。可以看到，作者在书中对于婢女、仆人、乳母这一类社会中的"弱势群体"，往往体现出悲天悯人、周全照顾的情怀。

# 3.42 婢仆得土人最善

蓄奴婢惟本土人最善。盖或有患病，则可责①其亲属为之扶持；或有非理自残，既有亲属明其事因，公私又有质证。或有婢妾无夫、子、兄弟可依，仆隶无家可归，念其有劳不可不养者，当令预经邻保自言，并陈于官。或预与之择其配，婢使之嫁，仆使之娶，皆可绝他日意外之患也。

| 今译 |

蓄养奴婢只有本土人是最好的。因为要是患病，就可以责令其亲属扶持照顾；或是有不合理地自残的，既有亲属彰明事情的原委，公私又有对质证明。或是有婢妾没有丈夫、儿子、兄弟可以依靠，奴仆无家可归，顾念其有苦劳不可以不养的，应当让他们预先自己向邻居和官府陈述。或是预先给他们选择配偶，婢女让其嫁人，男仆让其娶妻，凡此都可以断绝将来意外的祸患。

① 责：底本作"贵"，据知不足斋本改。

## | 实践要点 |

本章谈及蓄养婢女最好挑那些本地人。正如本书导读中所指出的，作者给出一种建议时，其最基本的考虑，除了对行为本身的伦理性质（对错好坏）进行判断，还往往出于避免将来产生祸患，尤其是避免纷争诉讼和家业破败。前一方面是一种伦理原则，后一方面则是从后果上来考虑，并且不是重在追求"最大多数人的最大幸福"，而是重在尽量避免坏的后果。这两点都是值得借鉴的。

# 3.43  雇婢仆要牙保分明

雇婢仆须要牙保分明。牙保，又不可令我家人为之也。

雇用婢女仆人需要中介处理分明。并且中介也不可以让我自己的家人来做。

## | 实践要点 |

此下三章谈及雇用或买婢仆要注意的事项。处理事情，最基本的是要清楚明白、有凭有据。这也是为了避免将来产生不必要的纠纷。

# 3.44 买婢妾当询来历

买婢妾既已成契，不可不细询其所自来。恐有良人子女，为人所诱略。果然，则即告之官，不可以婢妾还与引来之人，虑残其性命也。

## 今译

买婢妾既已达成契约，不可以不仔细询问她的出身来源。恐怕有良人子女，被别人所诱惑拐骗。果真是这样，就要马上上报官府，不可以将婢妾又还给引来的人，担心他们会残害她的性命。

## 实践要点

本章接着上章，谈及买婢妾要将其来历询问得清楚明白。但这不仅是出于自身考虑，而且也考虑到婢妾，以免其受到残害。

# 3.45　买婢妾当审可否

买婢妾须问其应典卖不应典卖。如不应典卖则不可成契。或果穷乏无所倚依，须令经官自陈，下保审会，方可成契。或其不能自陈，令引来之人于契中称说，少与雇钱，待其有亲人识认，即以与之也。

## ｜ 今译 ｜

买婢妾需要询问她应不应该典卖。如果不应该典卖的，就不可以达成契约。或是确实穷困无所依赖，需要让其自己到官府作陈述，通过审核，方可达成契约。要是其不能自己陈述，就让引来的人在契约中陈述说，稍稍给她一些雇用的钱，等到其有亲人来认，就交给亲人。

## ｜ 实践要点 ｜

本章接着谈及买婢妾时是否应当典卖的问题，其中也要做到清楚分明，以免后患。

# 3.46　狡狯子弟不可用

　　族人、邻里、亲戚有狡狯子弟，能恃强凌人，损彼益此，富家多用之以为爪牙，且得目前快意。此曹内既奸巧，外常柔顺，子弟责骂狎玩，常能容忍，为子弟者亦爱之。他日家长既殁之后，诱子弟为非者，皆此等人也。

　　大抵为家长者必自老练，又其智略能驾驭此曹，故得其力。至于子弟，须贤明如其父兄，则可无虑；中材之人，鲜不为其鼓惑，以致败家。唐史有言："妖禽孽狐当昼则伏息自如，得夜乃佯狂自恣①。"正谓此曹。若平昔延接淳厚刚正之人，虽言语多拂人意，而子弟与之久处，则有身后之益，所谓"快意之事常有损，拂意之事常有益"，凡事皆然，宜广思之。

　　族人、邻里、亲戚中有的狡诈子弟，会恃强凌弱，损人利己，富人家多利用他们作为爪牙，还可以在目前恣意妄为。这些人内心奸猾机巧，外面又常常表现柔顺，富家子弟责骂玩弄他们，他们也常常能容忍，那些子弟也喜爱他们。将来家长亡故之后，诱惑子弟胡作非为的，都是这等人。

大抵做家长的自己必定很老练，而且其智慧谋略能够驾驭这些人，所以能得到他们的助力。至于子弟，需要像其父兄那样贤明，才可以不用担心；如果只是中等人才，很少不被他们鼓动诱惑，以致家庭破败的。唐史有言："妖邪的禽兽狐狸，在白天就会伏藏歇息，到夜里才猖狂放纵起来。"说的就是这些人。如果平日里邀请交结淳厚刚正的人，虽然言语多违逆人的心意，但子弟跟他们相处久了，则有身后的益处，所谓"让人心意快活的事经常有损害，违逆人心意的事经常有益处"，凡事都是这样，应当多加思量。

## 简注

① 佯狂自恣：底本作"为之祥"，据知不足斋本改。

## 实践要点

本章提醒富家子弟，千万不要结交那些狡诈奸巧的子弟。这些人能同时招富人和富人自家子弟的喜欢，在一开始也可能给富人家带来"益处"，但是他们却正可能是日后导致富家破败的祸根。作者最后提及的一个话"快意之事常有损，拂意之事常有益"，真是饱含人生智慧，发人深省。

# 3.47　淳谨干人可付托

干人<sup>①</sup>有管库者，须常谨其簿书，审其见存。干人有管谷米者，须严其簿书，谨其管钥，兼择谨畏之人，使之看守。干人有贷财本兴贩<sup>②</sup>者，须择其淳厚，爱惜家累<sup>③</sup>，方可付托。

盖中产之家，日费之计犹难支梧；况受佣于人，其饥寒之计，岂能周足？中人之性，目见可欲，其心必乱；况下愚之人，见酒食声色之美，安得不动其心？向来财不满其意而充其欲，故内则与骨肉同饥寒，外则见所见如不见。今其财物盈溢于目前，若日日严谨，此心姑寝。主者事势稍宽，则亦何惮而不为？其始也，移用甚微，其心以为可偿，犹未经虑。久而主不之觉，则日增焉，月盈焉。积而至于一岁，移用已多，其心虽惴惴，无可奈何，则求以掩覆。至二年三年，侵欺已大彰露，不可掩覆。主人欲峻治之，已近噬脐<sup>④</sup>。故凡委托干人，所宜警<sup>⑤</sup>此。

／

　　给家里办事的差役有管理仓库的，需要经常小心他的账簿记录，审察仓库的现存情况；办事的差役有掌管谷米的，需要严格把控他的账簿记录，小心他掌管的钥匙，并且挑选谨慎恭敬的人，让他来看守；办事的差役有委托他们借贷本钱做生意的，需要挑选淳厚老实的人，爱惜家中财产的，才可以托付。

　　一般中产家庭，日常消费都难以支撑，何况受人雇用，生计怎么能够周全充足呢？中人之性，眼睛看见可欲之物，心里必定发乱，何况下愚之人，看见美妙的酒食声色，怎么会不动心呢？一向以来财富都不能满足他的心意和欲望，所以在内就跟亲人骨肉一块忍受饥寒，在外就看见财物就像看不见一样。现在财物充满在眼前，如果天天严格谨守，他的贪心姑且会暂时熄灭。主人的威势若稍稍宽松，那他又有什么可害怕而不敢做的呢？开始时，挪用很少，他心里认为可以偿还，还没有经过考虑。时间一久而主人没发觉，就会挪用得一天天、一月月多起来，积累到一年，已经挪用很多，他的心也惴惴不安又无可奈何，就希求掩盖真相。到了两年、三年，侵夺欺瞒已经很明显，无法掩盖。主人想要严厉惩治，但已经几乎后悔莫及了。所以凡是委托差役办事，应当警惕这样的事。

| 简注 |

／

① 干人：宋朝民户中的富豪和官户家中的一种办事的差役。

② 财本：本钱。兴贩：经商；贩卖。

③ 家累：家中的财产。

④ 噬脐：亦作"噬齐"，自啮腹脐。比喻后悔不及。

⑤ 警：底本作"紧"，据知不足斋本改。

| 实践要点 |

本章与上章相对，上章从反面指出，用人不要用那些狡诈奸巧的子弟，本章则从正面指出，用人要用那些谨慎恭敬、淳厚老实的人。其中所说，都非常中理。

# 3.48　存恤佃客

国家以农为重，盖以衣食之源在此。然人家耕种出于佃人之力，可不以佃人为重！遇其有生育、婚嫁、营造、死亡，当厚赒之。耕耘之际，有所假贷，少收其息。水旱之年，察其所亏，早为除减。不可有非理之需；不可有非时之役；不可令子弟及干人私有所扰；不可因其仇者告语，增其岁入之租；不可强其称贷，使厚供息；不可见其自有田园，辄起贪图之意。视之爱之，不啻如骨肉，则我衣食之源，悉藉其力，俯仰可以无愧怍矣。

---

| **今译** |

国家以农业为重心，因为衣食的根源在这里。但是一般人家的耕种是出于佃农之力，因此怎可不以佃农为重！遇到其有生育、婚嫁、建造、死亡之事，应当厚加周济。耕耘的时节，要是佃农有所借贷，就少收其利息。水灾旱灾的年份，掂量佃农的亏损，趁早给他减除租税。不可以对其有不合理的需求；不可以有不合时节的使役；不可以让子弟和办事的差役私下搅扰他们；不可以因为他们

仇家的话，而增加其每年的租税；不可以强迫他们借贷，让他们提供丰厚的利息；不可以看到他们有自己的田地园圃，就起了贪图霸占的心思。看待他们怜爱他们就像自己的骨肉一样，那么我的衣食来源，全都凭借他们的力，仰天俯地也可以心无愧怍。

| **实践要点** |

本章谈及要厚待佃农。民众以食为天，而衣食都出自农业，国家也以农为重，农业耕作又主要是请佃农来做。这些贫苦的佃农可以说是国家命脉的基本支撑，应该加以善待。

# 3.49  佃仆不宜私假借

佃仆<sup>①</sup>妇女等，有于人家妇女、小儿处称"莫令家长知"，而欲重息以生借钱谷，及欲借质物<sup>②</sup>以济急者，皆是有心脱漏，必无还意。而妇女、小儿不令家长知，则不敢取索，终为所负。为家长者，宜常以此喻其家人知也。

## | 今译 |

有的佃仆妇女等，在人家的妇女、小孩那里声称"不要让家长知道"，而想要以很高的利息来借钱财、谷米，以及借抵押物来救急。这都是有心想漏掉，必定没有偿还的意愿。而妇女、小孩没有让家长知道，就不敢去索取，最终被背弃。做家长的应当常常让家人明白这个道理。

## | 简注 |

① 佃仆：旧时官僚大姓隶属下租田耕种并供役使的佃户。
② 质物：用作抵押的东西。

本章讲到有些佃仆妇女等，善于哄骗人家的妇女小孩，以求借得钱财。做家长的应该让家人明白这个道理，以免上当受骗。这种小人也是古今都有，欺骗弱小，背弃信义。应该认清他们的真面目。

# 3.50　外人不宜入宅舍

尼姑、道婆、媒婆、牙婆<sup>①</sup>，及妇人以买卖、针灸为名者，皆不可令入人家。凡脱漏妇女财物，及引诱妇女为不美之事，皆此曹也。

## ｜ 今译 ｜

对于尼姑、道婆、媒婆、牙婆和那些声称做买卖、针灸的妇女，都不可以让他们进入家里。凡是赚取妇女财物以及引诱妇女做坏事，都是这些人干的。

## ｜ 简注 ｜

① 牙婆：旧称以介绍人口买卖为业的妇女。

## 实践要点

本章提到警惕当时那些打着各种名号而存心不良的人。今天也有一些走江湖行骗、上门兜售不正规产品，甚至意图拐卖诱骗儿童的人，都打着各种旗号，对这些人也应当保持足够的警惕。

# 3.51　溉田陂塘宜修治

池塘、陂湖、河埭<sup>①</sup>蓄水以溉田者，须于每年冬月<sup>②</sup>水涸之际，浚之使深，筑之使固。遇天时亢旱，虽不至于大稔，亦不至于全损。今人往往于亢旱之际，常思修治，至收刈之后，则忘之矣。谚所谓"三月思种桑，六月思筑塘"，盖伤人之无远虑如此。

---

## ｜ 今译 ｜

那些蓄水来灌溉田地的池塘、陂湖、河坝，需要在每年十一月水干的时候，疏通以求加深，筑堤以求牢固。遇到天旱的时节，虽然不会大丰收，也不至于全面损失。如今的人往往在干旱的时候，常常想着修理，等到收割之后，就忘了。谚语说："三月份就要思量种桑，六月份就要思量筑塘。"那是在叹息世人是如此缺乏长远的考虑。

## | 简注 |

① 埭（dài）：土坝。

② 冬月：指农历十一月。

## | 实践要点 |

此下两章谈论修筑塘湖堤坝的事。本章指出，要预先修筑蓄水灌溉的塘湖堤坝，这样才能确保耕作有收获。《论语》中孔子说："人无远虑，必有近忧。"人们常常缺乏长远的考虑，这样总是会误事。

# 3.52　修治陂塘其利博

池塘、陂湖、河埭有众享其溉田之利者，田多之家当相与率倡，令田主出食，佃人出力，遇冬时修筑，令多蓄水。及用水之际，远近高下，分水必均。非止利己，又且利人，其利岂不博哉！今人当修筑之际，靳[①]出食力，及用水之际，奋臂交争，有以锄櫌[②]相殴至死者，纵不死亦至坐狱被刑，岂不可伤！然至此者，皆田主悭吝之罪也。

---

| 今译 |

池塘、陂湖、河坝，有大家都享受其灌溉田地的便利的，那些田地多的人家应当一块倡导，让田主出饭食，佃农出力气，到了冬天就修理筑堤，多储蓄水。等到用水的时候，远近高下的地方，分到的水必定会平均。不止利己，而且利人，利益岂不是很大吗！如今的人在修理筑堤的时候，吝惜出饭食、力气，等到用水的时候，相互争夺，甚至有用锄头农具相互殴打而打死人的，纵使不死也要

坐牢受刑，岂不是很可悲！但走到这一步，都是田主吝啬的罪过。

## | 简注 |

/

① 靳：吝惜，不肯给予。
② 耰：古代弄碎土块、平整土地的农具。

## | 实践要点 |

/

本章接着上章，进一步罗列修筑塘湖堤坝的各种便利。这类事情要合众人之力才能更好完成，能顺利说服大家一起出力，真是不容易的事。而一旦成功了，则结果必然是利人利己。

# 3.53　桑木因时种植

桑、果、竹、木之属，春时种植甚非难事，十年二十年之间即享其利。今人往往于荒山闲地，任其弃废。至于兄弟析产，或因一根荄之微，忿争失欢。比邻山地，偶有竹木在两界之间，则兴讼连年。宁不思使向来天不产此，则将何所争？若以争讼所费，佣工植木，则一二十年之间，所谓"材木不可胜用"①也。其间有以果木逼于邻家，实利有及于其童稚，则怒而伐去之者，尤无所见也。

## ｜　今译　｜

桑树、果树、竹子、木材之类，春天种植完全不是难事，十年二十年之间就可以享受其收益。如今的人往往对于荒山闲地，任其废弃不用。至于兄弟分家产，有的会因小小的一棵草木的根荄，而争到失和。邻近山地，偶然有竹木长在两块地界限之间，就连年打官司。为什么不想想如果上天不产此物，那还要争什么呢？如果把争讼的费用，用来雇用人工种植树木，那么一二十年之间，就有所谓"材木多得用都用不完"的效果。其中，有的人因为种植的果木靠近邻家，果实便利让邻家小孩都享受到，于是愤怒地砍掉果树的，这尤其是没见识的人。

## | 简注 |

① 材木不可胜用：材木多得用都用不完。语出《孟子·梁惠王上》："不违农时，谷不可胜食也；数罟不入洿池，鱼鳖不可胜食也；斧斤以时入山林，材木不可胜用也。谷与鱼鳖不可胜食，材木不可胜用，是使民养生丧死无憾也。养生丧死无憾，王道之始也。"

## | 实践要点 |

桑木果树之类，春天空闲之时，种在荒山闲地之中，本非难事，很快就可享受其利。但有些没见识的人就是不愿意做这些事，反而为了小小草木的利益而跟兄弟争讼失和，甚至宁愿砍掉果树也不愿让邻家小孩吃到果子。人们有时就是会做出这种荒诞的事，真是可叹。

# 3.54　邻里贵和同

人有小儿，须常戒约，莫令与邻里损折果木之属。养牛羊须常看守，莫令与邻里踏践山地六种之属。人养鸡鸭须常照管，莫令与邻里损啄菜茹六种之属。有产业之家，又须各自勤谨，坟墓山林，欲聚录长茂荫映，须高其围墙，令人不得逾越。园圃种植菜茹六种及有时果去处，严其篱围，不通人往来，则亦不至临时责怪他人也。

---

|　今译　|

/

家里有小儿，需要常常告诫约束，不要让他损折了邻里的果木植物。养牛羊需要常常看守好，不要让它们践踏了邻里的田地庄稼。家里养鸡鸭，需要常常照管，不要让它们啄伤了蔬菜庄稼。有产业的家庭，又要各自勤奋谨慎，坟墓山林想要聚集树丛茂密成荫，需要筑高围墙，让人不能够越过。园圃种植蔬菜庄稼以及有时令果实的地方，篱笆围栏要严密，人无法往来，也就不至于临时责怪他人了。

本章讲到邻里相处要注意的一些具体事项，主要是做好防范措施，不要损害邻里的财产。

# 3.55 田产界至宜分明

　　人有田园山地，界至不可不分明。异居分析之初，置产典买之际，尤不可不仔细。人之争讼，多由此始。且如田亩有因地势不平，分一丘①为两丘者；有欲便顺，并两丘为一丘者；有以屋基山地为田，又有以田为屋基园地者；有改移街路、水圳者，官中虽有经界图籍，坏烂不存者多矣。况又从而改易，不经官司、邻保验证，岂不大启争端？

　　人之田亩有在上丘者，若常修田畔，莫令倾倒；人之屋基园地，若及时筑叠垣墙，才损即修；人之山林，若分明挑掘沟堑②，才损即修，有何争讼？惟其卤莽，田畔倾倒，修治失时；屋基园地只用篱围，年深坏烂，因而侵占；山林或用分水，犹可辩明，间有以木以石以坎为界，年深不存，及以坑为界，而外又有坑相似者，未尝不启纷纷不决之讼也。

　　至于分析止凭阄书，典买止凭契书，或有卤莽，该载不明，公私皆不能决，可不戒哉？间有典买山地，幸其界至有疑，故令元契称说不明，因而包占者。此小人之用心，遇明官司，自正其罪矣。

人们有田地、园圃、山地的，边界一定要分明。分居、分家产和置办、买卖家产的时候，尤其要仔细。人相互之间的争讼，多是由此开始。就如有的田亩因地势不平坦，所以把一丘作为两丘来算；有的想要方便而合并两丘作为一丘；有的把屋基山地作为田地，还有把田地作为屋基园地的；有的则改动街巷、道路、水圳，官府中虽然有经界图籍，但很多会坏烂没保存下来。何况还有私下改动，没经过官府、邻居证明的，这岂不是会很容易导致争端吗？

人们的田亩有的在上丘，如果经常修理田畔，不要让它们倒塌；人们的屋基园地如果及时筑墙，刚损坏了就马上修理；人们的山林如果清楚分明地挖掘沟坑，刚损坏了就马上修理，这样又怎么会有争讼呢？只有鲁莽草率，田畔倒塌，不及时修理；屋基园地只用篱笆围住，年久坏烂，因而被侵占；山林要是用分水，还可以辨别清楚，间或有用树木、石头、坎穴作为边界的，年久之后不存在了，以及用坎穴作为边界，但此外又有相似的坎穴的，很多争讼不决的官司就是由此导致的。

至于分家产、典买家产，只凭借契约文书，或有鲁莽草率，记载得不清楚的，这样在公堂和私下都不能了结，怎能不以此为戒呢？间或有人典买山地，侥幸边界有疑问不清之处，故意让原始的契约说得不清不楚，因而有所侵占。这是小人的用心，遇到贤明的官员，自然会惩治他们的罪。

/

① 一丘：指田一区。丘，丈量土地面积的单位。

② 沟堑：壕沟；洼坑。

| 实践要点 |

/

此下十章主要谈论处理田产的事，其中所谈的大都是古今相通的朴实道理，值得借鉴。本章谈论田产的边界一定要清楚分明，不要鲁莽草率，以防止纠纷。

# 3.56　分析阄书宜详具

　　分析之家置造阄书①，有各人止录己分所得田产者，有一本互见他分者。止录己分多是内有私曲，不欲显暴，故常多争讼。若互见他分，厚薄肥瘠可以毕见，在官在私易为折断。此外，或有宣劳于众，众分弃与田产；或有一分独薄，众分弃与田产；或有因妻财、因仕宦置到，来历明白；或有因营运置到，而众不愿分者，并宜于阄书后开具。仍须断约，不在开具之数则为漏阄，虽分析后，许应分人别求均分。可以杜绝隐瞒之弊，不至连年争讼不决。

|　　今译　　|

/

　　分家产的家庭设立契约，有的是各人只记录自己所分得的田产，有的是一本之中互见他人所分的田产。只记录自己所分田产的，多是内部有私意，不想要暴露出来，所以常常很多争讼。如果一本之中互见他人所分的田产，那么田地的厚薄肥瘠可以完全体现出来，在官府在私下都容易判断。此外，或有为众人效劳的，众人把田产分赠给他；或有人分到的一分独独贫瘠，众人把田产分赠给他；或有因是妻子的财产、因做官而有的财产，来历清楚明白；或有因做生意而有的财产，而众人不愿意分的，都应当在契约后面开列写明。而且还有约定，不在开列的条目上的则做一个漏阄作为附录，即使是分家产之后发现，也允许应分人再求取平均分配。这样就可以杜绝隐瞒的弊端，不至于连年争讼得没完没了。

## ｜ 简注 ｜

① 阄书：旧时分家的一种契约文书。

## ｜ 实践要点 ｜

本章谈及分家产的契约，要详细列具，将大家所分得的田产等等具体情况都清楚列出来。这也是为了避免以后造成争讼。行事要清楚分明，这是作者经常强调的。

# 3.57　寄产避役多后患

人有求避役者，虽私分财产甚均，而阄书砧基①则装在一分之内，令一人认役，其他物力低小不须充应。而其子孙，有欲执书契而掩有之者，遂兴诉讼。官司欲断从实，则于文有碍；欲以文断，而情则不然。此皆俗曹初无远见，规避于目前，而贻争于身后，可不鉴此？

## 　今译　

有的人希求躲避劳役，虽然私下分财产很平均，但契约里说的土地四至却装在一分之内，让一个人认领以服劳役，其他物力小的不须充数服劳役。而那个人的子孙有想要拿着书契而霸占那些财产的，于是就兴起诉讼。官司想要按事实来断案，就会与契约文书有冲突；想要按照契约文书来决断，而人情又并非如此。这都是世俗之人一开始就没有远见，只想着规避眼前的损失，而在身后遗留下争端，怎能不以此为鉴呢？

## 简注

① 砧（zhēn）基：土地的四至，也就是土地四边的界限。

## 实践要点

本章仍然强调分家产时，公开对外的契约说明需要清楚分明，以免给后代造成纷争。作者特别提醒不要贪小便宜而目光短浅。

# 3.58　冒户避役起争之端

人有已分财产，而欲避免差役，则冒同宗有官之人
为一户籍者，皆他日争讼之端由也。

## ｜ 今译 ｜

有的人已经分得财产，又想逃避劳役，就冒同宗有官职的人合为一个户籍，
这都是引起将来争讼的端由啊。

## ｜ 实践要点 ｜

本章所说与上章类似，也是从避免纠纷方面来强调，分家产时要立清楚分明
的契约。

# 3.59　析户宜早印阄书

　　县道贪污，遇有析户印阄，则厚有所需。人户惮于所费，皆匿而不印，私自割析。经年既深，贫富不同，恩义顿疏，或至争讼。一以为已分失去阄书，一以为分财未尽，未立阄书。官中从文则碍情，从情则碍文，故多久而不决之患。凡析户之家宜即印阄书，以杜后患。

## ｜ 今译 ｜

/

　　有的县道官员贪污，遇到有分家的来印契约，就要求很高的费用。民户怕费用高，都隐瞒不印，私自分家产。年岁久了之后，分家产的人贫富不同，恩义一下子疏远，或至于争讼打官司的地步。一方认为已经分家产，只是丢失了契约，一方认为家产没分完，没有立契约。官府遵照文书来判就碍于人情，遵照人情来判又碍于文书，所以多有很久都决不了案的祸患。凡是分家的人家，应当立即印好契约，以杜绝后患。

本章谈及另外一种因官员贪污而不印契约，最终导致争讼的情况。分家产，一定要清楚分明，立定契约，杜绝将来纠纷。

# 3.60 田产宜早印契割产

人户交易，当先凭牙家索取阄书砧基，指出丘段围号，就问见佃人，有无界至交加，典卖重叠。次问其所亲，有无应分人出外未回，及在卑幼未经分析。或系弃产，必问其初应与不应受弃。或寡妇卑子执凭交易，必问其初曾与不曾勘会①。如系转典卖，则必问其元契已未投印，有无诸般违碍，方可立契。

如有寡妇幼子应押契人，必令人亲见其押字。如价贯、年月、四至、亩角，必即书填。应债负货②，物不可用，必支见钱。取钱必有处所，担钱人必有姓名。已成契后，必即投印，虑有交易在后而投印在前者。已印契后，必即离业，虑有交易在后而管业在前者。已离业后必即割税，虑因循不割税而为人告论以致拘没者。

官中条令，惟交易一事最为详备，盖欲以杜争端也。而人户不悉，乃至违法交易，及不印契、不离业、不割税，以至重叠交易，词讼连年不决者，岂非人户自速其辜哉？

　　民户相互做田地买卖交易，应当先依靠中介索取契约中说的土地四至，指出丘丘段段的界限，到现场去问佃农，有没有界限重叠、重复典卖的情况。接着问清对方的亲戚，有没有应分人在外未归，以及身份卑微、年龄幼小而没有分到田产。如果是放弃田产，一定要问清楚当初应不应该接受弃权。或是寡妇、庶子拿着凭据来交易，一定要问清对方当初是否去审核议定过田产。如果是辗转典卖，就一定要问清原始契约有没有投印，有没有各种违规或妨碍，然后才可以立契约。

　　如果有寡妇、幼子应押契人，一定要让别人在场亲眼看到其押字。像价格、年月、四至、亩角这些信息，一定要当即填上。应该还的借贷、负债，物不可用，一定要支现金。取钱的地方、担钱人的姓名一定要写上。已完成契约后，一定要立即去投印，担心有人会先去投印再做交易来骗人的。已印出契约后，一定要立即离业，担心有先去管业再做交易来骗人的。已经离业之后，一定要立即交割税务，担心有拖着不交割税务而被人告上官府以致田地被没收的。

　　官府条令，唯有买卖交易这个事规定得最为详细完备，就是因为想要杜绝争端。但是民户不了解，乃至违法交易，以及不印契约、不离业、不交割税务，以至于重叠交易，连年打官司不能了结的，这岂不是民户自找苦吃吗？

① 勘会：审核议定。

② 货：李勤璞校注本认为当作"贷"，可从。

## | 实践要点 |

／

本章谈及买卖田产，需要询问清楚来历，合法、规范、及时地订立契约，以杜绝争端。

# 3.61 邻近田产宜增价买

凡邻近利害欲得之产，宜稍增其价，不可恃其有亲有邻，及以典至买，及无人敢买，而扼损其价。万一他人买之，则悔且无及，而争讼由之以兴也。

## 今译

凡是邻近的、利害相关的、自己想要得到的田产，应当稍稍提高价格来买，不可以依仗着与其有亲戚、邻居的关系，以及对方典卖，以及没人敢买，就压低价格。万一被别人买去，就后悔无及，并且争讼也由此而兴起。

## 实践要点

本章谈到购买邻近田产，不要压价，相反更要稍稍提高价格，以免被人买去，后悔莫及，或引起争讼。其中也体现了与邻里相处应该厚道的道理。

# 3.62 违法田产不可置

凡田产有交关违条者，虽其价廉，不可与之交易。
他时事发到官，则所费或十倍。然富人多要买此产，自
谓将来拼钱与人打官方。此其僻不可救，然自遗患与患
及子孙者甚多。

## | 今译 |

凡是田产有违反法律条令的，即使价格低廉，也不可以跟其买卖交易。将来
事发上报到官府，那么所花费或许有十倍之多。但是富人多是要买这样的田产，
自以为将来拼钱跟人打官司。其本人的邪僻不可救药，但是由此而给自己和子孙
后代留下祸患的，就非常多了。

## | 实践要点 |

此下两章分别从正反两面谈论田产交易与法律法规的问题。本章从反面指
出，田产交易一定不能违背法规，否则难免会给自己和后代留下后患。

# 3.63 交易宜著法绝后患

凡交易必须项项合条，即无后患。不可凭恃人情契密，不为之防，或有失欢，则皆成争端。如交易取钱未尽，及赎产不曾取契之类，宜即理会去着，或即闻官以绝将来词诉。切戒！切戒！

## | 今译 |

凡是买卖交易必须每一项都合乎法律条令，就不会有后患。不可依赖着人情关系亲密而不为之防范，或有失和的情况，就都成了争端。如果交易取钱还没有完，以及赎回田产而未曾取回契约之类，应当立即处理，或立即上报官府以杜绝将来起诉。切记要防备！切记要防备！

## | 实践要点 |

本章接着上章，从正面指出田产交易一定要合乎法规，这样才能杜绝后患。

# 3.64　富家置产当存仁心

　　贫富无定势，田宅无定主，有钱则买，无钱则卖。买产之家当知此理，不可苦害卖产之人。盖人之卖产，或以阙食，或以负债，或以疾病、死亡、婚嫁、争讼，已有百千之费，则鬻百千之产。若买产之家即还其直，虽转手无留，且可以了其出产欲用之一事。而为富不仁之人，知其欲用之急，则阳距而阴钩之，以重扼其价。既成契，则姑还其直之什一二，约以数日而尽偿。至数日而问焉，则辞以未办。又屡问之，或以数缗授之，或以米谷及他物高估而补偿之。出产之家必大窘乏，所得零微，随即耗散，向之所拟以办其事者不复办矣。而往还取索，夫力之费又居其中。彼富家方自窃喜，以为善谋。不知天道好还，有及其身而获报者，有不在其身而在其子孙者，富家多不之悟，岂不迷哉？

贫穷富贵没有一成不变的定势，田地屋宅没有一成不变的主人，有钱就买，没钱就卖。买家产的人家应当知道这个道理，不可以苦苦逼害出卖家产的人。因为人们出卖家产，或是因为缺衣少食，或是因为负债，或是因为疾病、死亡、婚嫁、争讼，自己要出百千的花费，就出卖百千的家产。如果买家产的人家立即兑现给钱，那么即使转手卖给别人，还可以了结对方卖家产想要用钱的事情。而那些为富不仁的人，知道对方急着用钱，就表面拒绝而暗里做手脚，把价格重重地压低。已经成契约之后，就姑且兑现十分之一二的价格，约定几天之后结清其余的钱。等到几天之后去问，就推辞说还没凑足钱。又屡次问，就或是拿几缗钱给对方，或是用米谷以及其他物品，高估其价值，来代替偿还。出卖家产的人家必定非常窘迫困乏，所得到的零碎钱物随即就用光，本来打算做的事再也做不了。而往返索取钱财，其间还要花费人力。那些富人家正在窃喜，认为自己善于计谋，殊不知天道轮回，有在自己身上得到报应的，有不在自己身上而在子孙身上得到报应的，富人家多不醒悟，这岂不是很迷惑吗？

本章指出，购买家产不要倚强凌弱、仗势欺人，不要耍各种手段来诱骗、强迫他人出卖家产。

# 3.65　假贷取息贵得中

　　假贷钱谷，责令还息，正是贫富相资不可阙者。汉时有钱一千贯者，比千户侯，谓其一岁可得息钱二百千，比之今时未及二分。今若以中制论之，质库①月息自二分至四分，贷钱月息自三分至五分，贷谷以一熟论，自三分至五分，取之亦不为虐，还者亦可无词。而典质之家，至有月息什而取一者。江西有借钱约一年偿还，而作合子立约者，谓借一贯文约还两贯文；衢之开化借一秤禾而取两秤；浙西上户借一石米而收一石八斗，皆不仁之甚。然父祖以是而取于人，子孙亦复以是而偿于人，所谓天道好还，于此可见。

---

## ｜　今译　｜

　　把钱财谷米借贷给人，责令偿还利息，正是贫富相互凭借不可缺少的。汉代时有一千贯钱的，可以跟千户侯相比，因为其一年可以获得利息二百千钱，这个利率跟今天比还不到二分。现在如果以中等规格来论，当铺月息从二分到四分，借钱月息从三分到五分，借谷以一熟来论，从三分到五分，这样来收息也不叫做虐待，还息的人也无话可说。而典当之家甚至有月息取十分之一的。江西有借钱约定一年偿还而立契约的，说借一贯文约定还两贯文；衢州的开化县借一秤禾，偿还时要取两秤；浙西上户借一石米，要收一石八斗米，这些都是非常不人道的行径。但是父亲祖父以此而向别人索取，子孙最终也要以此而偿还给别人。所谓"天道轮回"，由此可见。

｜ **简注** ｜

／

① 质库：指古代经营抵押放款收息的商铺。又称为当铺、解库、解典铺、解典库等。

｜ **实践要点** ｜

／

本章倡导借贷钱财粮食，收取利息应该适中，决不可过分，不可贪得无厌。

# 3.66  兼并用术非悠久计

兼并之家见有产之家子弟昏愚不肖，及有缓急，多是将钱强以借与，或始借之时设酒食以媚悦其意，或既借之后历数年不索取，待其息多，又设酒食招诱，使之结转并息为本，别更生息，又诱勒其将田产折还。法禁虽严，多是幸免。惟天网不漏。谚云"富儿更替做"，盖谓迭相酬报也。

| 今译 |

兼并田地的家庭，看到有田产之家的子弟昏聩愚笨不肖，以及有急用的时候，多是强迫借钱给别人，或开始借钱时设置酒食让对方开心，或是已借钱后经过几年都不索还，待到利息多了之后，再设酒食来招引诱惑，让对方把利息也转为本钱，另外再生利息，有诱惑勒令对方将田产折还给自己。法律禁令虽然严格，但他们多是幸免于法网。唯有天网才真正是疏而不漏。谚语说"富人孩子轮流做"，大概就是说相互轮流回报吧。

## | 实践要点 |

本章强调不要耍下三滥手段兼并别人家的田产，这本身是违法的行为。

值得注意的是，作者在此上三章一直强调"天道好报"（恶有恶报）、"富人孩子轮流做"这样的道理。这里应该看到作者的良苦用心和对弱者的真切同情。

# 3.67　钱谷不可多借人

有轻于举债者，不可借与，必是无籍之人，已怀负赖之意。凡借人钱谷，少则易偿，多则易负。故借谷至百石，借钱至百贯，虽力可还，亦不肯还，宁以所还之资，为争讼之费者，多矣。

轻易就借债的人，不可以借给他，这必定是靠不住的人，已经怀着背弃抵赖的心思。凡是借人钱财谷米，借得少就容易偿还，借得多就容易背弃。所以借谷借到一百石，借钱借到一百贯，即使有偿还之力，也不肯偿还，而宁愿以所要偿还的资财作为争讼的费用，这样的人多的是！

此下两章分别谈论出借和借债需要注意的问题。本章谈到借人钱财粮食的两个方面：其一，不要把钱财粮食借给那些轻易借债的人，因为这些都是不靠谱的人；其二，不要过多借给人钱财粮食，因为借得少就容易偿还，借得多就容易背弃。

# 3.68 债不可轻举

凡人之敢于举债者，必谓他日之宽余，可以偿也。不知今日之无宽余，他日何为而有宽余？譬如百里之路，分为两日行，则两日皆办。若欲以今日之路使明日并行，虽劳苦而不可至。凡无远识之人，求目前宽余，而挪积在后者，无不破家也。切宜鉴此。

| 今译 |

凡是敢于借债的人，必定说将来宽松富余之后可以偿还。不知现在没有宽松富余，将来又凭什么有宽松富余呢？就像一百里的路，分两天来走，那两天就可以完成。如果想要把今天的路放到明天来一块走，那么即使劳苦也走不到。凡是没有远见的人，寻求眼前的宽松富余，而把压力都腾挪积累在后面的，无不会家庭破亡。切记应当以此为鉴。

本章接着上章，谈到自己不能轻易举债。作者尤其指出："凡是没有远见的人，寻求眼前的宽松富余，而把压力都腾挪积累在后面的，无不会家庭破亡。"这个道理在今天仍然值得引以为戒。

# 3.69　赋税宜预办

凡有家产，必有税赋。须是先截留输纳之资，却将赢余分给日用。岁入或薄，只得省用，不可侵支输纳之资。临时为官中所迫，则举债认息，或托揽户①兑纳，而高价算还，是皆可以耗家。大抵曰贫曰俭，自是贤德，又是美称，切不可以此为愧。若能知此，则无破家之患矣。

| 今译 |

凡是有家产，就必定有税赋，需要先留足要缴纳的资财，再将剩余的分配在日用中。年收入或微薄些，那只得节省用度，不可以占用了缴纳赋税的资财。临时被官府所催迫，就会借债交利息，或是委托揽户缴纳然后高价偿还，这些做法都可以耗费家财。大抵说贫约、说节俭，自然是贤良的美德，又是美称，切记不可以认为这是可羞愧的。如果能知道这个，就不会有家庭破亡的祸患了。

## 简注

① 揽户：又称揽纳人、揽子，宋代包揽赋税输纳之各类人户的总称。

## 实践要点

此下两章谈论缴纳赋税的问题。本章谈论提前预备需交的赋税。在去除这部分费用后，再合理地安排分配日常用度，哪怕节俭一点也没关系，这样就可以避免将来临时借高利贷乃至家庭破败。

# 3.70　赋税早纳为上

纳税虽有省限①，须先纳为安。如纳苗米，若不趁晴早纳，必欲拖后，或值雨雪连日，将如之何？然州郡多有不体量民事，如纳秋米，初时既要干圆，加量又重；后来纵纳湿恶，加量又轻；又后来则折为低价。如纳税绢，初时必欲至厚实者；后来见纳数之少，则放行轻疏；又后来则折为低价。人户及揽子多是较量前后轻重，不肯挽先②送纳，致被县道追扰。惟乡曲贤者自求省事，不以毫末之较遂愆期也。

纳税虽然有限期，需要先缴纳为安。例如缴纳苗米，要是不趁天晴早缴纳，一定想要拖到后面，或是遇到连日雨雪，该怎么办呢？但是州郡多有不体量民事，例如缴纳秋米，开始时要求既要干圆，加量又重。后来就宽纵缴纳湿的、品相不好的米，加量又轻，再后来就折为低价。例如缴纳税绢，开始一定要最厚实的，后来看到缴纳数量少，就放行可缴纳轻的、疏的绢，再后来就折为低价。民户和揽户多是计较前后轻重的不同，不肯抢先缴纳，以致被县道官府所追讨侵扰。只有乡里的贤者自己追求省事，所以不计较微小差别而延期。

① 省限：官府的限期。
② 搀先：抢先，抢前。

本章接着上章的思路，谈及要提前缴纳赋税。当时缴税是缴纳实物，例如粮食、绢布。提前缴税，可以避免因为天气等原因而遭受损失。同时，作为父母官的作者，也提到当时地方政府不体贴民众的情况。

# 3.71 造桥修路宜助财力

乡人有纠率钱物以造桥、修路及打造渡船者，宜随力助之，不可谓舍财不见获福而不为。且如造路既成，吾之晨出暮归，仆马无疏虞，及乘舆马过桥渡而不至惴惴者，皆所获之福也。

## ｜ 今译 ｜

乡人中有倡导纠集钱物来造桥、修路和打造渡船的，应当随力相助，不可以认为失掉钱财又不能见到获得福分，因而不去做。就如修路完成后，我早出晚归，仆人驾马不会有失误，还有乘马过桥渡河也不至于惴惴不安，这都是所获得的福分啊。

## ｜ 实践要点 ｜

本章倡导民众应当力所能及地支持造桥、修路、造渡船这样的公共事业，这种事是利人利己的。今天也一样，富贵人家有了能力，更应尽量支持家乡的公共事业，总会获得福分的。

# 3.72　营运先存心近厚

人之经营财利偶获厚息，以致富盛者，必其命运亨通，造物者阴赐致此。其间有见他人获息之多，致富之速，则欲以人事强夺天理。如贩米而加以水，卖盐而杂以灰，卖漆而和以油，卖药而易以他物，如此等类不胜其多。目下多得赢余，其心便自欣然。而不知造物者随即以他事取去，终于贫乏。况又因假坏真，以亏本者多矣，所谓人不胜天。

大抵转贩经营，须是先存心地，凡物货必真，又须敬惜。如欲以此奉神明，又须不敢贪求厚利，任天理如何，虽目下所得之薄，必无后患。至于买扑坊场<sup>①</sup>之人尤当如此，造酒必极醇厚清洁<sup>②</sup>，则私酤之家自然难售。其间或有私酝，必审止绝之术，不可挟此打破人家朝夕存念，止欲趁办官课<sup>③</sup>，养育孳累，不可妄求厚积及计会司案，拖赖官钱。若命运亨通，则自能富厚，不然，亦不致破荡。请以应开坊之人观之。

人们经营生意，偶获丰厚的利润，以致富有昌盛的，必定是其命运亨通，老天爷暗中赐福。其间有看到别人多获利润，快速致富，就想着以人事来强夺天理。例如卖米而加水，卖盐而掺杂灰，卖漆而掺和了油，买药而用其他物品代替，诸如此类多得不可胜数。眼下赢利很多，心里就觉欣喜，殊不知老天爷随即通过别的事情来夺走钱财，最终变得贫困。何况又因为假的物品破坏真的，由此而亏本，这种情况也很多，这就是所谓人不能胜天。

大致而言，经营生意，需要先心地善良，所有货物一定要真，又要谨敬爱惜。如果要以此侍奉神明，又要不敢贪求丰厚的利润，依循天理来做，虽然眼下利润薄，但必定没有后患。至于包税、专卖的人尤其应当这样，造酒一定要极其醇厚清洁，那么私自卖酒的人家自然难以卖出。其间或有私自秘密酿酒的，一定审慎考虑停止的方法，不可仗着这个而打破人家的朝夕存念，只要缴纳税务，养育家人，不可以妄求丰厚的积累以及计会司案，拖欠官府的钱财。如果命运亨通，自然能够致富，不然，也不至于破家荡产。请看看那些有权开办官设专卖市场的人吧。

| 简注 |

① 买扑：宋元的一种包税制度。宋初对酒、醋、陂塘、墟市、渡口等的税收，由官府核计应征数额，招商承包。包商（买扑人）缴保证金于官，取得征税

之权。后由承包商自行申报税额，以出价最高者取得包税权。元时的包税范围更加扩大。坊场：官设专卖的市场。

② 清洁：底本作"精洁"，据知不足斋本改。

③ 趁办：缴纳。官课：官府的税收。

**｜ 实践要点 ｜**

本章谈到，经营生意固然是为了获得利润，但前提是必须做到基本的诚信、善良、厚道，这样生意也才能长久。如果命运亨通，总有一天会飞黄腾达，至少也不会破家荡产。如果昧着良心，即使赚到大把的黑心钱，总难免亏本破产，这叫做人不能胜天。这个道理在今天尤其显得重要，那些不讲诚信、暗中做手脚的企业，一旦被爆出诚信、质量问题，就很容易被公众抛弃，此后经营一蹶不振。即使一时能撑下去，最后也总会被更讲诚信、追求质量的同行给超越。

# 3.73 起造宜以渐经营

　　起造屋宇，最人家至难事。年齿长壮，世事谙历，于起造一事犹多不悉；况未更事，其不因此破家者几希。

　　盖起造之时，必先与匠者谋，匠者惟恐主人惮费而不为，则必小其规模，节其费用。主人以为力可以办，锐意为之。匠者则渐增广其规模，至数倍其费，而屋犹未及半。主人势不可中辍，则举债鬻产。匠者方喜兴作之未艾，工锸①之益增。

　　余尝劝人起造屋宇，须十数年经营，以渐为之，则屋成而家富自若。盖先议基址，或平高就下，或增卑为高，或筑墙穿池，逐年为之，期以十余年而后成。次议规模之高广，材木之若干，细至椽桷、篱壁、竹木之属，必籍其数，逐年买取，随即斫削，期以十余年而毕备。次议瓦石之多少，皆预以余力积渐而储之。虽就雇之费，亦不取办于仓卒。故屋成而家富自若也。

建造房屋，最是家庭难事。年纪大些，经历世事，对建房一事还多不了解；何况还未更事的人，很少不因此而破家荡产的。

大致在开始建房时，必定先跟工匠商量，工匠唯恐主人怕花费多而不做，就一定会缩小规模，节省费用。主人认为财力可以满足，就锐意去做。工匠就渐渐扩大规模，以至费用增加好几倍，而房屋还没建成一半。主人势必不能中断工程，就举债、出卖家产。工匠却正在欢喜工事还没完结，工钱日益增多。

我曾经劝人，建造房屋需要十几年来经营，慢慢来做，那么房屋建成而家里还一样富有。大致是先议定房屋的基址，或是铲平高处而跟低处一样高，或是把低处增高，或是筑墙壁、穿池水，逐年来做，约定十来年做完。接着议定房屋规模大小，材木要多少，小至橡、桷、篱笆、墙壁、竹子、木头之类，都要记录数目，逐年来买到，随即就加工砍削，约定十来年全部完工。再接着议定瓦片、石头的数量多少，都预先用余力慢慢积累储存。即使是雇工的费用，也不仓促间凑齐。所以房屋建成之后，家里还是那么富有。

| **简注** |

① 锵（qiǎng）：钱串，引申为成串的钱。后多指银子或银锭。

## | 实践要点 |

／

本章谈及建造房屋，并认为这属于家庭中最艰难的事，真是古今同然，令人感叹。作者结合当时的社会情况给出自己的建议：建房屋要慢慢来，甚至要预留十几年的时间来经营。今天乡镇还有自己建房或请人建房的，作者的建议还有参考的可能性；而城市里则基本上是购买商品房，作者的建议就不管用了。但是除去具体的内容，作者给出建议的思路仍然值得借鉴。这就是，决定做一些费时或费钱费力的重大事情时，要从一开始就作长远打算，把主动权牢牢掌握在自己手中，游刃有余，而不要心力不济，尤其不要被别人牵着鼻子走。例如建房本来是自己的主意，却因考虑不周，最终被工匠牵着鼻子走，最终弄得举债累累、出卖家产。这尤其不可不加防止。

附录

序跋提要

# 《袁氏世范》序

　　思所以为善，又思所以使人为善者，君子之用心也。三衢袁公君载，德足而行成，学博而文富。以论思献纳之姿，屈试一邑，学道爱人之政，武城弦歌，不是过矣。一日出所为书若干卷示镇曰："是可以厚人伦而美习俗，吾将版行于兹邑，子其为我是正而为之序！"镇熟读详味者数月，一曰"睦亲"，二曰"处己"，三曰"治家"，皆数十条目。其言则精确而详尽，其意则敦厚而委曲，习而行之，诚可以为孝悌，为忠恕，为善良，而有士君子之行矣。然是书也，岂唯可以施之乐清，达诸四海可也；岂唯可以行之一时，垂诸后世可也。噫！公为一邑而切切焉欲以己者为人如此，则他日致君泽民，其思所以兼善天下之心，盖可知矣。镇于公为太学同舍生，今又蒙赖于桑梓，荷意不鄙，乃敢冠以骩骳之文，而欲目是书曰《世范》，可乎？

　　君载讳采。

　　淳熙戊戌中元日，承议郎新权通判隆兴军府事刘镇序。

　　同年郑公景元贻书谓余曰："昔温国公尝有意于是，止以《家范》名其书，不曰'世'也。若欲为一世之范模，则有箕子之书。在今，恐名之者未必人不以为诮，而受之者或以为僭，宜从其旧目。"此真确论，正契余心，敢不敬从！且刊其言于左，使见之者知其不为府判刘公之云云，而私变其说也。

　　采谨书。

# 《袁氏世范》后序

　　近世老师宿儒多以其言集为"语录"，传示学者，盖欲以所自得者，与天下共之也。然皆议论精微，学者所造未至，虽勤诵深思犹不开悟，况中人以下乎！至于小说、诗话之流，特贤于己，非有裨于名教。亦有作为家训戒示子孙，或不该详，传焉未广。采朴鄙，好论世俗事，而性多忘，人有能诵其前言，而己或不记忆。续以所言私笔之，久而成编。假而录之者颇多，不能遍应，乃锓木以传。

　　昔子思论中庸之道，其始也，夫妇之愚皆可与知，夫妇之不肖皆可能行；极其至妙，则虽圣人亦不能知、不能行，而察乎天地。今若以"察乎天地"者而语诸人，前辈之语录固已连篇累牍。姑以夫妇之所与知能行者语诸世俗，使田夫野老、幽闺妇女皆晓然于心目间。人或好恶不同，互是迭非，必有一二契其心者，庶几息争省刑，欲还醇厚。圣人复起，不吾废也。

　　初，余目是书为《俗训》，府判同舍刘公更曰《世范》，似过其实。三请易之，不听，遂强从其所云。

　　绍熙改元长至，三衢梧坡袁采书于徽州婺源琴堂。

# 重刊《袁氏世范》序

　　苏老泉《族谱亭记》，义主于"积之有本末，施之有次第"。顾通篇专举乡之望人以为戒，其词隐，其旨远，读之者或未能得其微意之所存焉。若兹《世范》一书，则凡以"睦亲"、以"处己"、以"治家"者，靡不明白切要，使人易知易从，"俗训"云乎哉？即以达之四海，垂之后世，无不可已。

　　吴门袁子又恺新修家谱，于汝南文献搜罗大备矣，近获陶斋、谢湖两先生珍藏《世范》，附梓于后，正如夏鼎商彝，灿陈几席，令人不作三代以下想。微特袁氏所当世宝，抑亦举世有心人亟奉为典型者也。

　　此书曾刊于陶南村《说郛》、钟瑞先《唐宋丛书》中，类多讹缺。今属宋雕善本，雠校精审，沈晦数百年，乃得又恺重登梨枣，顿还旧观，是诚作者之厚幸也夫！

　　乾隆五十三年戊申立冬日，震泽杨复吉撰。

# 《袁氏世范》跋语（一）

　　有明正德庚辰六月朔，偶得《世范》三卷。其目曰"睦亲""处己""治家"，皆吾人日用常行之道，实万世之范也。读其自序，以为过实，谦德之盛如此，吾家其世宝之。

　　袁表识。

# 《袁氏世范》跋语（二）

　　《袁氏世范》，马端临《书考》定为一卷，此本次列三卷，后附《诗鉴》一集，且刻画精工，信为善本，岂《书考》有所误耶？观书中皆修齐切要之言，诚余家所当"世范"者也。是宜珍藏之。

　　正德庚辰六月八日，袁裒书。

# 《袁氏世范》跋语（三）

宋三衢袁君采著《袁氏世范》，见《唐宋丛书》及《眉公秘笈》，陈榕门先生复采入《训俗遗规》，然皆非足本。乙巳春，予于书肆检阅旧编，得此宋本书，分三卷，后附方景明《诗鉴》一卷。有予从祖陶斋公、谢湖公二跋，称其校刻精善，洵为世宝。是吾家故物也，楚弓楚得，若有冥贶。谨读数过，其言约而赅，淡而旨，殆昌黎所谓"其为道易明，而其为教易行"者耶！予方刻载家谱，鲍丈以文见而赏之，复梓入丛书，附《颜氏家训》后，以广其传。是作书者幸甚，而予之购得此书亦幸甚。

乾隆庚戌孟冬，古吴袁廷梼跋。

# 《四库全书总目提要·袁氏世范》

　　宋袁采撰。案《衢州府志》，采字君载，信安人，登进士第。三宰剧邑，以廉明刚直称。仕至监登闻鼓院。陈振孙《书录解题》称采尝宰乐清，修县志十卷；王圻《续文献通考》又称其令政和时，著有《政和杂志》《县令小录》。今皆不传。是编即其在乐清时所作，分睦亲、处己、治家三门，题曰《训俗》。府判刘镇为之序，始更名《世范》。其书于立身处世之道，反覆详尽，所以砥砺末俗者，极为笃挚。虽家塾训蒙之书，意求通俗，词句不免于鄙浅，然大要明白切要，使览者易知易从，固不失为《颜氏家训》之亚也。明陈继儒尝刻之《秘笈》中，字句讹脱特甚。今以《永乐大典》所载宋本互相校勘，补遗正误，仍从《文献通考》所载，勒为三卷云。

**图书在版编目（CIP）数据**

袁氏世范译注 /（宋）袁采著；赖区平译注 . —上
海：上海古籍出版社，2020.7
（中华家训导读译注丛书）
ISBN 978-7-5325-9675-1

Ⅰ . ①袁… Ⅱ . ①袁… ②赖… Ⅲ . ①家庭道德—中
国—宋代 ②《袁氏世范》—译文 ③《袁氏世范》—注释
Ⅳ . ① B823.1

中国版本图书馆 CIP 数据核字（2020）第 109255 号

**袁氏世范译注**

（宋）袁采　著
赖区平　译注

出版发行　上海古籍出版社
地　　址　上海瑞金二路 272 号
邮政编辑　200020
网　　址　www.guji.com.cn
E-mail　guji1@guji.com.cn
印　　刷　启东市人民印刷有限公司
开　　本　890×1240　1/32
印　　张　14.25
版　　次　2020 年 7 月第 1 版　2020 年 7 月第 1 次印刷
印　　数　1—2,100
书　　号　ISBN 978-7-5325-9675-1/B・1164
定　　价　65.00 元

如有质量问题，请与承印公司联系